Sara Shaker
Shilpachakra Chidurala

Estudo dos níveis de adsorção do vermelho do Congo utilizando nanopartículas de magnetite

Sara Shaker
Shilpachakra Chidurala

Estudo dos níveis de adsorção do vermelho do Congo utilizando nanopartículas de magnetite

ScienciaScripts

Imprint
Any brand names and product names mentioned in this book are subject to trademark, brand or patent protection and are trademarks or registered trademarks of their respective holders. The use of brand names, product names, common names, trade names, product descriptions etc. even without a particular marking in this work is in no way to be construed to mean that such names may be regarded as unrestricted in respect of trademark and brand protection legislation and could thus be used by anyone.

Cover image: www.ingimage.com

This book is a translation from the original published under ISBN 978-3-659-87164-1.

Publisher:
Sciencia Scripts
is a trademark of
Dodo Books Indian Ocean Ltd. and OmniScriptum S.R.L publishing group

120 High Road, East Finchley, London, N2 9ED, United Kingdom
Str. Armeneasca 28/1, office 1, Chisinau MD-2012, Republic of Moldova, Europe
Managing Directors: Ieva Konstantinova, Victoria Ursu
info@omniscriptum.com

Printed at: see last page
ISBN: 978-620-8-60251-2

ÍNDICE DE CONTEÚDOS:

Lista de abreviaturas

CR	Congo Red
DLS	Dynamic Light Scattering
DTA	Differential Thermal Analysis
DTG	Differential Thermo Gravimetric Analysis
EDAX/EDS	Energy Dispersive X-ray spectrometry
FESEM	Field Emission Scanning Electron Microscope
FWHM	Full Width at Half Maximum
$\mathbf{H_c}$	High Coercivity
JCPDS	Joint Committee on Powder Diffraction Standards
$\mathbf{M_r}$	remanent magnetization
$\mathbf{M_s}$	saturated magnetization
PPMS	physical properties measurement system
SAED	Selected area electron diffraction
SEM	Scanning Electron Microscope
SQUID	Superconducting Quantum Interference Device
TA	Thermal Analysis
TEM	Transmission Electron Microscopy
TGA	Thermo Gravimetric analysis
UV/Vis	Ultraviolet-visible spectrophotometry
VSM	Vibrating Sample Magnetometers
XRD	X – Ray Diffraction

CAPÍTULO 1

Introdução

Introdução à nanotecnologia

A nanotecnologia é a engenharia de sistemas funcionais à escala molecular. Isto abrange tanto o trabalho atual como os conceitos mais avançados. No seu sentido original, a nanotecnologia refere-se à capacidade projectada de construir objectos de baixo para cima, utilizando técnicas e ferramentas que estão a ser desenvolvidas atualmente para fabricar produtos completos e de elevado desempenho.

Um nanómetro (nm) é um bilionésimo, ou 10^{9}, de um metro. Em comparação, os comprimentos típicos das ligações carbono-carbono, ou o espaçamento entre estes átomos numa molécula, situam-se entre 0,12 e 0,15 nm, e uma dupla hélice de ADN tem um diâmetro de cerca de 2 n m. Por outro lado, as formas de vida celular mais pequenas, as bactérias do género Mycoplasma, têm cerca de 200 nm de comprimento. Por convenção, a nanotecnologia é considerada como a escala de 1 a 100 nm, de acordo com a definição utilizada pela Iniciativa Nacional para a Nanotecnologia nos EUA. O limite inferior é definido pela dimensão dos átomos (o hidrogénio tem os átomos mais pequenos, com cerca de um quarto de nm de diâmetro), uma vez que a nanotecnologia deve construir os seus dispositivos a partir de átomos e moléculas. O limite superior é mais ou menos arbitrário, mas é em torno da dimensão que os fenómenos não observados em estruturas maiores começam a tornar-se aparentes e podem ser utilizados no nanodispositivo. Estes novos fenómenos tornam a nanotecnologia distinta dos dispositivos que são meras versões miniaturizadas de um dispositivo macroscópico equivalente; tais dispositivos encontram-se numa escala maior e são descritos como microtecnologia.

Para colocar esta escala noutro contexto, a comparação entre o tamanho de um nanómetro e um metro é o mesmo que o de um berlinde e o tamanho da Terra. Outra forma de colocar a questão: um nanómetro é a quantidade de barba que um homem médio faz crescer no tempo que demora a aproximar a lâmina de barbear do rosto.

São utilizadas duas abordagens principais na nanotecnologia. Na abordagem "ascendente", os materiais e os dispositivos são construídos a partir de componentes moleculares que se reúnem quimicamente através de princípios de reconhecimento molecular. Na abordagem "de cima para baixo", os nano-objectos são construídos a partir de entidades maiores sem controlo ao nível atómico.

Áreas da física como a nanoelectrónica, a nanomecânica, a nanofotónica e a nanoiónica evoluíram durante as últimas décadas para proporcionar uma base científica fundamental para a nanotecnologia [5].

Óxidos de ferro

Os óxidos de ferro são compostos químicos constituídos por ferro e oxigénio. No total, existem dezasseis óxidos e oxihidróxidos de ferro conhecidos.

Os óxidos de ferro e os óxidos-hidróxidos estão muito presentes na natureza, desempenham um papel importante em muitos processos geológicos e biológicos e são amplamente utilizados pelos seres humanos, por exemplo, como minérios de ferro, pigmentos, catalisadores, na termite (ver o diagrama), hemoglobina.

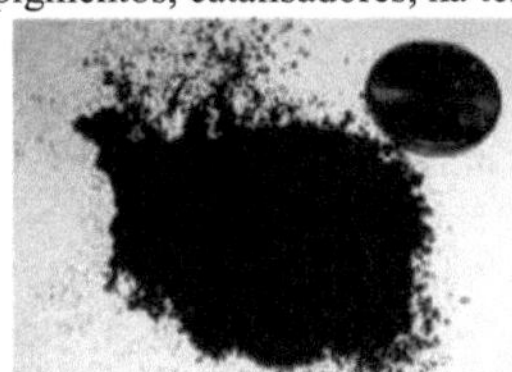

Fig. 1.1 Pigmento de óxido de ferro

A ferrugem comum é uma forma de óxido de ferro (III). Os óxidos de ferro são amplamente utilizados como pigmentos baratos e duráveis em tintas, revestimentos e betões coloridos. As cores normalmente disponíveis situam-se no extremo "terroso" da gama amarelo/laranja/vermelho/castanho/preto [1].

Óxidos

- Óxido de ferro(II), wüstite (FeO)

- Óxido de ferro(II,III), magnetite (Fe3O4)
- Óxido de ferro(III) (Fe2O3)
- fase alfa, hematite (α-Fe2O3)
- fase beta, (β-Fe2O3)
- fase gama, maghemite (γ-Fe2O3)
- fase epsilon, (ε-Fe_2O_3)

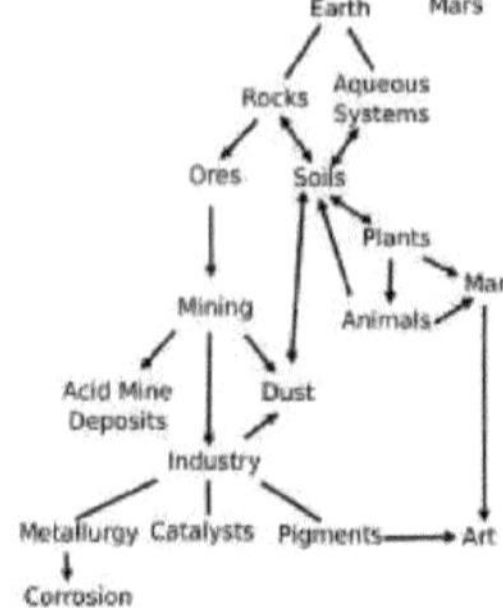

Fig. 1.2 Papel dos óxidos de ferro

Hidróxidos

Hidróxido de ferro(II) (Fe(OH)2)

Hidróxido de ferro(III) (Fe(OH)3), (bernalite)

Óxido/Hidroxidos

- Goethite (α-FeOOH),
- Akaganeite (β-FeOOH),
- Lepidocrocite (γ-FeOOH),
- Feroxita (δ-FeOOH),
- Ferrihidrite (Fe5HO8-4H2O aprox.), ou 5Fe2O3-9H2O, mais bem refundida como FeOOH-0.4H2O
- FeOOH a alta pressão
- Schwertmannite (idealmente Fe8O8(OH)6(SO)-nH2O ou Fe^{3+}16O16(OH,SO4)12-13-10-12H2O)
- Ferrugem verde (Fe^{III}xFe^{II}y(OH)3x+2y-z(A^-)z; em que A^- é Cl^- ou 0,5$SO4^{2-}$) [1]

Nanopartículas de óxidos de ferro

As nanopartículas de óxido de ferro são partículas de óxido de ferro com diâmetros entre cerca de 1 e 100 nanómetros. As duas formas principais são a magnetite (Fe3O4) e a sua forma oxidada maghemite (γ-Fe2O3). Têm atraído grande interesse devido às suas propriedades superparamagnéticas e às suas potenciais aplicações em muitos domínios (embora o Cu, o Co e o Ni sejam também materiais altamente magnéticos, são tóxicos e facilmente oxidáveis).

As aplicações das nanopartículas de óxido de ferro incluem dispositivos de armazenamento magnético de terabit, catálise, sensores e imagiologia por ressonância magnética biomolécula (RMN) de alta sensibilidade para diagnóstico médico e terapêutica. Estas aplicações requerem o revestimento das nanopartículas com agentes como os ácidos gordos de cadeia longa, as aminas alquil-substituídas e os dióis [6].

Propriedades magnéticas

Devido aos seus 4 electrões não emparelhados na camada 3d, um átomo de ferro tem um forte momento magnético. Os iões Fe^{2+} também têm 4 electrões desemparelhados na terceira camada e o Fe^{3+} tem 5 electrões desemparelhados na terceira camada. Por conseguinte, quando os cristais são formados a partir de átomos de ferro ou iões Fe^{2+} e Fe^{3+}, podem estar nos estados ferromagnético, antiferromagnético ou ferrimagnético.

No estado paramagnético, os momentos magnéticos atómicos individuais estão orientados aleatoriamente, e a substância tem um momento magnético líquido nulo se não existir um campo magnético. Estes materiais têm

uma permeabilidade magnética relativa superior a um e são atraídos por campos magnéticos. O momento magnético cai para zero quando o campo aplicado é removido. Mas num material ferromagnético, todos os momentos atómicos estão alinhados mesmo sem um campo externo. Um material ferrimagnético é semelhante a um ferromagnético, mas tem dois tipos diferentes de átomos com momentos magnéticos opostos. O material tem um momento magnético porque os momentos opostos têm intensidades diferentes. Se tiverem a mesma magnitude, o cristal é antiferromagnético e não possui momento magnético líquido.
Quando um campo magnético externo é aplicado a um material ferromagnético, a magnetização (M) aumenta com a intensidade do campo magnético (H) até se aproximar da saturação. Nalgumas gamas de campos, a magnetização tem histerese porque existe mais do que um estado magnético estável para cada campo. Portanto, uma magnetização remanente estará presente mesmo após a remoção do campo magnético externo [7].

Toxicidade e aplicações biomédicas

A magnetite e a maghemite são preferidas em biomedicina porque são biocompatíveis e potencialmente não tóxicas para o ser humano. O óxido de ferro é facilmente degradável e, por conseguinte, útil para aplicações in vivo. Os resultados da exposição de uma linha celular de mesotélio humano e de uma linha celular de fibroblastos de murino a sete nanopartículas industrialmente importantes revelaram um mecanismo citotóxico específico das nanopartículas de óxido de ferro não revestido. Verificou-se que a solubilidade influencia fortemente a resposta citotóxica. A marcação de células (por exemplo, células estaminais, células dendríticas) com nanopartículas de óxido de ferro é uma nova ferramenta interessante para monitorizar essas células marcadas em tempo real por tomografia de ressonância magnética [6].

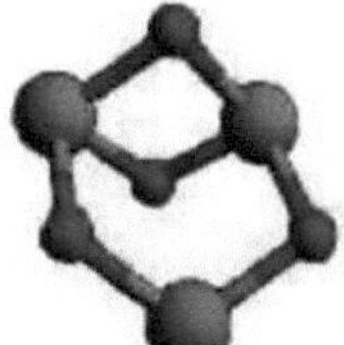

Fig. 1.3 Estrutura do Fe3O4 modelada pelo software Argus

1.3. 1. Magnetite (Fe3O4)

A magnetite é um mineral, um dos dois óxidos de ferro naturais mais comuns (fórmula química Fe3O4) e um membro do grupo dos espinélios [8]. As estruturas normais dos espinélios são geralmente óxidos cúbicos de empacotamento fechado com um sítio octaédrico e dois sítios tetraédricos por óxido. Os pontos tetraédricos são mais pequenos do que os pontos octaédricos. Os iões B^{3+} ocupam os buracos octaédricos devido a um fator de carga, mas só podem ocupar metade dos buracos octaédricos. Os iões A^{2+} ocupam 1/8 dos buracos tetraédricos. Um exemplo comum de um espinélio normal é o MgAl2O4 [9]. A magnetite é o mais magnético de todos os minerais que ocorrem naturalmente na Terra. Pedaços de magnetite naturalmente magnetizados, chamados de lodestone, atraem pequenos pedaços de ferro, e foi assim que os povos antigos notaram pela primeira vez a propriedade do magnetismo. Pequenos grãos de magnetite ocorrem em quase todas as rochas ígneas e metamórficas. A magnetite é preta ou preta acastanhada com um brilho metálico, tem uma dureza de Mohs de 5-6 e uma risca preta [8].
A magnetite tem algumas propriedades que são discutidas a seguir:

Estrutura

A magnetite tem uma estrutura de espinélio invertido com oxigénio formando um sistema cristalino cúbico de face centrada. No entanto, as estruturas de espinélio inverso são diferentes na distribuição dos catiões, na medida em que todos os catiões A e metade dos catiões B ocupam sítios octaédricos, enquanto a outra metade dos catiões B ocupa sítios tetraédricos. Um exemplo comum de um espinélio inverso é o Fe3O4, se os iões Fe^{2+} (A^{2+}) forem d^6 de alta rotação e os iões $Fe^{(3+)}$ (B^{3+}) forem d^5 de alta rotação[9]. Na magnetite, todos os sítios tetraédricos são ocupados por Fe^{3+} e os sítios octaédricos são ocupados por Fe^{3+} e Fe^{2+} [6].

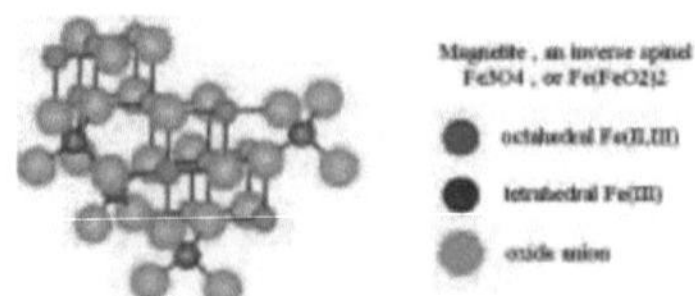

Fig. 1.4 Estrutura do Fe_3O_4

Propriedades magnéticas

Um material magnético de domínio único (ex.: nanopartículas magnéticas) que não tem um ciclo de histerese é dito superparamagnético. A ordenação dos momentos magnéticos em materiais ferromagnéticos, antiferromagnéticos e ferrimagnéticos diminui com o aumento da temperatura. Os materiais ferromagnéticos e ferrimagnéticos tornam-se desordenados e perdem a sua magnetização para além da temperatura de Curie TC e os materiais antiferromagnéticos perdem a sua magnetização para além da temperatura de Néel TN. A magnetite é ferrimagnética à temperatura ambiente e tem uma temperatura de Curie de 850 K. A nanopartícula de magnetite é superparamagnética à temperatura ambiente. Este comportamento superparamagnético das nanopartículas de óxido de ferro pode ser atribuído ao seu tamanho. Quando o tamanho é suficientemente pequeno (< 20nm), as flutuações térmicas podem alterar a direção da magnetização de todo o cristal. Um material com muitos destes cristais comporta-se como um paramagneto, exceto que os momentos de cristais inteiros estão a flutuar em vez de átomos individuais [7].

1.3. 2. Métodos de síntese

Existem diferentes métodos para sintetizar as nanopartículas de óxido de ferro. Alguns deles dão origem a nanopartículas puras e outros a nanopartículas impuras.

Fig. 1.5 Nanopartículas de Fe_3O_4 sintetizadas

Métodos puros

1) Sol-gel
2) Microemulsão

Métodos impuros

1) Combustão de soluções
2) Co-precipitação

Neste trabalho, o método Sol-Gel foi escolhido para sintetizar as nanopartículas de Magnetite devido às seguintes vantagens:

- Boa homogeneidade
- Baixo custo
- Alta pureza
- Fácil de controlar o procedimento

Caracterização

1.4.1. Método de difração de raios X (XRD)

As técnicas de dispersão **de raios X** são uma família de técnicas analíticas não destrutivas que revelam informações sobre a estrutura cristalina, a composição química e as propriedades físicas de materiais e películas finas. Estas técnicas baseiam-se na observação da intensidade de dispersão de um feixe de raios X que atinge uma amostra em função do ângulo de incidência e de dispersão, da polarização e do comprimento de onda ou energia.

As estruturas de fase das nanopartículas de magnetita foram caracterizadas por difração de raios X em pó por máquina D8-Advance da empresa Broker, com detetor monocromático utilizado Cu Kα que λ=1,54 Angstrom [10,11].

Fig. 1.6 D8-Advanced XRD- Bruker

1.4.2. Espectrofotometria ultravioleta-visível (UV-Vis ou UV/Vis)

A espetroscopia do ultravioleta-visível ou espetrofotometria do ultravioleta-visível (UV-Vis ou UV/Vis) refere-se à espetroscopia de absorção ou à espetroscopia de reflexão na região espetral do ultravioleta-visível. Isto significa que utiliza luz nas gamas visível e adjacente (UV próximo e infravermelho próximo (NIR)). A absorção ou reflectância na gama do visível afecta diretamente a cor percebida dos produtos químicos envolvidos. Nesta região do espetro eletromagnético, as moléculas sofrem transições electrónicas. Esta técnica é complementar à espetroscopia de fluorescência, na medida em que a fluorescência trata das transições do estado excitado para o estado fundamental, enquanto a absorção mede as transições do estado fundamental para o estado excitado [12].

Fig. 1.7 Espectroscópio UV-Vis

Tabela 1.1 Espectrofotómetro UV-VIS de feixe duplo (2201, 2202 e 2203) [13].

Parameters	
Type	2202/2203 (2201)
Optics	Double Beam Optics
Operating System	Microcontroller in 2203 (Through PC in 2202/2201)
Wavelength Range	200 - 1100 nm (190-1000nm in 2201)

Spectral Bandwidth	2 nm (0.5 to 6.0nm variable in 2201)
Display	LCD in 2203 (PC Monitor 2202 & 2201)
Operating Mode	Single Multi-Wavelength, Scan & Time Scan
Measuring Modes	%T, ABS, Concentration & K Factor
ABS Range	+ 2.5 Abs (upto 4.0 Abs in 2202)
Detector	Dual Si-Photo diode (Photomultiplier in 2201)
Filter / Dark Setting	Automatic, through Software

O espetrofotómetro de feixe duplo 2202 baseado em PC da Syntronics é uma unidade controlada por PC com vários modos de medição/modo de funcionamento/capacidade de processamento de dados/capacidade de análise de dados/facilidade de otimização do sistema/utilitários de autodiagnóstico e calibração, etc. A unidade oferece uma resolução de ajuste do comprimento de onda (máx.) de 0,1 nm. É fornecido um trocador de amostras de cinco posições selecionado automaticamente para medição/comparação rápida de amostras. O volume mínimo de amostra pode ser tão baixo como 500 µl numa cuvete de 1 ml ou 2 ml numa cuvete de 4 ml. (A cuvete de 1 ml deve ser utilizada com uma largura de banda selecionada entre 0,5 e 2,0 nm)

A luz UV é fornecida por uma lâmpada de deutério (com janela de quartzo, 200 nm a 340 nm, utilização preferencial 200 nm a 320 nm) e a luz VIS é fornecida por uma lâmpada de tungsténio-halogénio (320 a 1100 nm), comutada automaticamente no comprimento de onda selecionável pelo utilizador. Como detetor, utiliza-se um fotodíodo de silício estável e sólido, de elevada sensibilidade e de grande amplitude, com realce UV. As fontes e as posições das amostras são optimizadas por software para manter a unidade sempre no seu desempenho máximo.

1.4.3. Analisador térmico (TA)

A Análise Térmica (TA), designa um grupo de técnicas que estudam as propriedades dos materiais devido às mudanças de temperatura. Com as técnicas de TA podemos encontrar propriedades como a Entalpia, a Capacidade Térmica, as alterações de massa e o coeficiente de expansão térmica [13]. Dois números de técnicas de TA são a análise termogravimétrica (TGA) que mostra as mudanças de massa (aumento ou diminuição) devido à decomposição, oxidação ou desidratação e a análise térmica diferencial (DTA) que mostra a diferença de temperatura em relação à amostra de referência. Ambos os métodos serão efectuados com um programa de temperatura controlada e uma atmosfera constante para a amostra e a referência. Muitas vezes, duas ou mais propriedades diferentes podem ser medidas em conjunto e ao mesmo tempo, como (TGA-DTA) ou (TGA-EGA).

Fig. 1.8 EXSTAR TG/DTA6300.

1.4.3.1. Analisador termogravimétrico (TGA)

Na TGA, a curva de perda de peso medida fornece esta informação:

- Alterações na composição da amostra
- Estabilidade térmica
- Parâmetros cinéticos para a reação química na amostra.

Uma curva de perda de peso derivada pode ser utilizada para indicar o ponto em que a perda de peso é mais evidente. Existem dois tipos de fenómenos que causam alterações de massa: Físicos e Químicos. Na Física temos três partes principais:

- Adsorção de gás
- Dessorção de gás

E Transição de fase em dois estados: Vaporização e sublimação

Em química:

- Decomposição
- Reação de decomposição

Quimisorção (adsorção por meio de força química em vez de força física)

A taxa de aquecimento e o tamanho da amostra aumentam a temperatura a que ocorre a decomposição da amostra, e o tamanho das partículas da amostra, o empacotamento, a forma do cadinho e o caudal de gás afectam o progresso da reação.

1.4.3. 2. Analisador térmico diferencial (DTA)

A DTA envolve o aquecimento ou arrefecimento de uma amostra de ensaio e de referências inertes em condições idênticas, ao mesmo tempo que regista quaisquer referências de temperatura entre as amostras e a referência, que são representadas em função do tempo ou da temperatura. Será também utilizada para estudar as propriedades térmicas e as mudanças de fase que não conduzem a uma alteração da entalpia. Uma curva DTA pode ser utilizada como uma impressão digital para efeitos de identificação. A área sob um pico de DTA pode corresponder às alterações de entalpia e não é afetada pela capacidade térmica das amostras. Os picos acima da linha de base são fenómenos exotérmicos que consistem na libertação de calor das amostras, como a combustão com chama ou a cristalização, e os picos abaixo da linha de base mostram os fenómenos endotérmicos que mostram a absorção de calor pelos materiais, como a transformação da forma sólida em líquida. O dispositivo utilizado para a caraterização TG e DTA foi o EXSTAR TG/DTA6300 fabricado pela Ultimac Commercial Co., Ltd.

Tabela 1.2 Caraterísticas do EXSTAR TG/DTA6300.

Parameters	
Model	TG/DTA 6300
Temperature range	Ambient - 1500°C
Balance Type	Horizontal Differential Type
TG Measurement range	+200 mg
TG RMS noise / Sensitivity	0.1 µg / 0.2 µg
DTA Measurement range	+1000 µVolt
DTA RMS noise / Sensitivity	0.03 µVolt / 0.06 µVolt
Programmable rate	0.01 - 100 °C/min
Automatic Cooling unit	Force Air Cooling
Cooling time	1000°C - 50°C within 15 min
Sample pan material	Platinum, Alumina, Aluminum
Atmosphere	Air, Inert gas, Vacuum(10^{-2}Torr)

1.4.4. Microscópio eletrónico de varrimento (MEV) **Um** microscópio eletrónico de varrimento (MEV) é um tipo de microscópio eletrónico que produz imagens de uma amostra através do seu varrimento com um feixe focalizado de electrões. Os electrões interagem com os electrões da amostra, produzindo vários sinais que podem ser detectados e que contêm informações sobre a topografia da superfície e a composição da amostra. O feixe de electrões é geralmente varrido num padrão de varrimento raster, e a posição do feixe é combinada com o sinal detectado para produzir uma imagem. O MEV pode atingir uma resolução superior a 1 nanómetro. Os espécimes podem ser observados em alto vácuo, baixo vácuo e, no MEV ambiental, os espécimes podem ser observados em condições húmidas [14]. As morfologias e análises das nanopartículas de magnetite foram obtidas utilizando o SEM S-3400N.

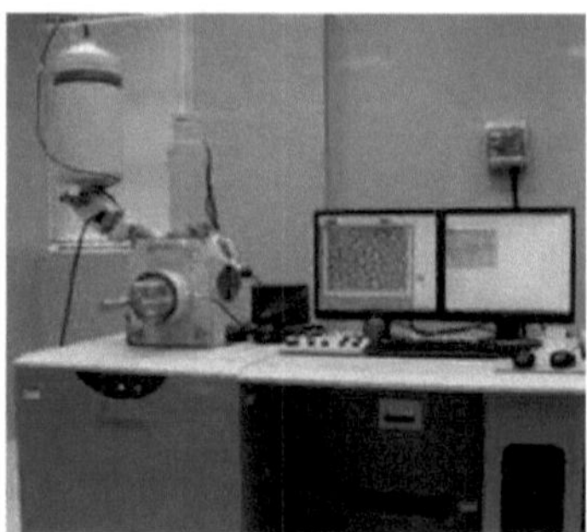

Fig. 1.9 SEM S-3400N

1.4.5. Espectroscopia de raios X com dispersão de energia (EDAX) A análise EDX significa análise de raios X com dispersão de energia. Por vezes, é também referida como análise EDS ou EDAX. É uma técnica utilizada para identificar a composição elementar da amostra ou de uma área de interesse da mesma. O sistema de análise EDX funciona como uma caraterística integrada de um microscópio eletrónico de varrimento (SEM) e não pode funcionar por si só sem este último [15].

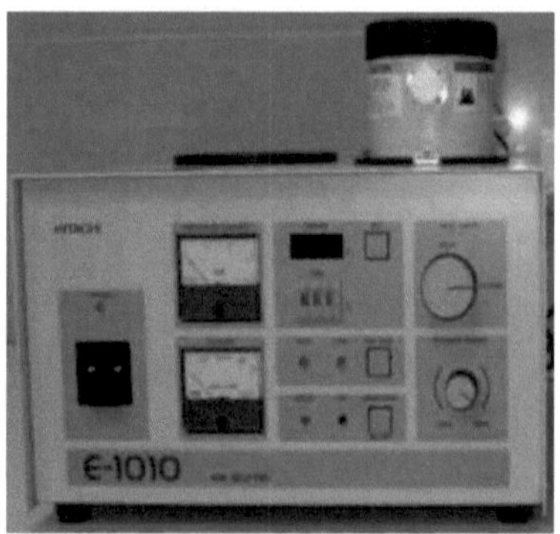

Fig. 1.10 Dispositivo de revestimento de ouro por vácuo

Durante a análise EDX, a amostra é bombardeada com um feixe de electrões no interior do microscópio eletrónico de varrimento. Os electrões bombardeados colidem com os electrões dos próprios átomos da amostra, derrubando alguns deles no processo. A posição desocupada por um eletrão ejectado da camada interna acaba por ser ocupada por um eletrão de maior energia de uma camada externa. Para que isso aconteça, no entanto, o eletrão exterior que se transfere tem de ceder alguma da sua energia, emitindo um raio X.

A quantidade de energia libertada pelo eletrão que se transfere depende da camada de onde se está a transferir, bem como da camada para onde se está a transferir. Além disso, o átomo de cada elemento liberta raios X com quantidades únicas de energia durante o processo de transferência. Assim, medindo as quantidades de energia presentes nos raios X libertados por uma amostra durante o bombardeamento com feixes de electrões, é possível estabelecer a identidade do átomo a partir do qual o raio X foi emitido. O resultado de uma análise EDX é um espetro EDX. O espetro EDX é apenas um gráfico da frequência com que um raio X é recebido para cada nível de energia. Um espetro EDX apresenta normalmente picos correspondentes aos níveis de energia para os quais foi recebido o maior número de raios X. Cada um destes picos é único para um átomo e, portanto, corresponde a um único elemento. Quanto mais alto for um pico num espetro, mais concentrado está o elemento na amostra. Um gráfico de espetro EDX não só identifica o elemento correspondente a cada um dos seus picos, mas também o tipo de raio X a que corresponde.

1.4.6. Analisador de tamanho de partículas (DLS)

A técnica de dispersão dinâmica da luz (DLS) é utilizada para determinar a dimensão das partículas. A dispersão dinâmica da luz é a medição das flutuações da intensidade da luz dispersa ao longo do tempo. Estas flutuações de intensidade surgem devido ao movimento browniano aleatório das nanopartículas. Por conseguinte, o comportamento estatístico destas flutuações na intensidade de dispersão pode ser relacionado com a difusão partículas. Uma vez que as partículas maiores se difundem mais lentamente do que as partículas pequenas, é possível relacionar facilmente o tamanho das partículas com as flutuações medidas na intensidade de dispersão da luz [16].

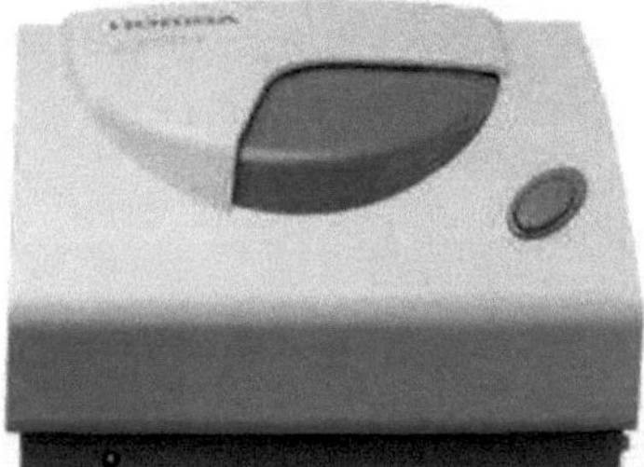

Fig. 1.11 Aparelho SZ – 100

A medição da função de autocorrelação é efectuada comparando a intensidade da luz dispersa num determinado tempo de referência t e após um determinado tempo de atraso τ. Para um tempo de atraso muito curto, as partículas não tiveram oportunidade de se mover e, por conseguinte, é pouco provável que a intensidade da luz dispersa se altere muito. Assim, a função de autocorrelação tem um valor elevado.

Para um tempo de atraso muito longo, as partículas tiveram a oportunidade de se mover significativamente e a função de autocorrelação tem um valor baixo. Este valor baixo está relacionado com a intensidade média de dispersão a longo prazo. A rapidez deste decaimento de valores elevados para valores baixos corresponde à velocidade do movimento das partículas e, por conseguinte, ao tamanho das partículas. A chave para avaliar com precisão e rapidez o tamanho com a dispersão dinâmica da luz é utilizar uma fonte de luz laser de alta energia e um detetor sensível.

O dispositivo **SZ-100** utiliza um laser verde. A intensidade de dispersão é inversamente proporcional à quarta potência do comprimento de onda. Por conseguinte, o laser verde proporciona uma maior intensidade de dispersão por milésimo de watt do que o laser vermelho, mais comummente utilizado. Uma vez que os fotodíodos de avalanche, APD, são menos sensíveis à luz verde e os tubos fotomultiplicadores, PMT, são mais sensíveis à luz verde.

Os dispositivos utilizados para a caraterização de análises de partículas são (Nano Partica SZ-100 Series) concebidos e fabricados pela Horiba Co. que podem efetuar 3 caracterizações diferentes de partículas de tamanho nano num único dispositivo.

- Gama de medição do diâmetro das partículas 0,3 nm a 8 µm.
- Medição do Potencial Zeta -200 a +200 mV
- Massa molecular 1 x 10^3 a 2 x 10^7 gr/mol (Dalton).

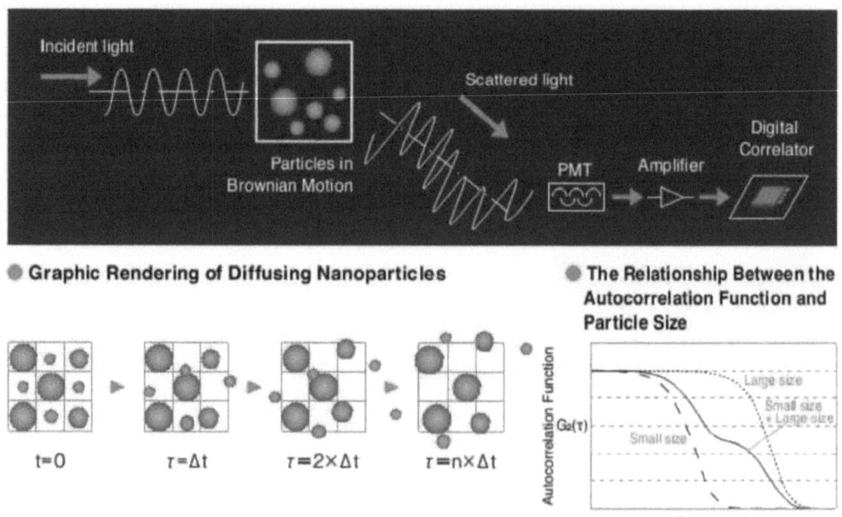

Fig. 1.12 Esquema dos movimentos das moléculas

Análise numa vasta gama de concentrações de amostras: É possível a medição de amostras que vão desde concentrações baixas de ordem ppm até amostras de alta concentração em percentagens de dois dígitos.

1.4.7. Magnetómetros de amostras vibratórias (VSM)

Os magnetómetros de amostras vibratórias da Lake Shore efectuam medições magnéticas para investigação e desenvolvimento de materiais, controlo de qualidade e testes de produção.

O Modelo 7410 é capaz de caraterizar uma variedade de materiais de meios magnéticos particulados e contínuos, incluindo: fitas de áudio, vídeo e dados digitais, meios flexíveis, materiais magneto-ópticos, materiais de película fina pulverizados e revestidos, incluindo materiais multicamadas GMR, CMR, polarização de troca e válvula de rotação.

Fig. 1.13 Magnetómetros de amostra vibratória

Os seguintes parâmetros são medidos diretamente ou podem ser facilmente derivados através do software.

- Laços de histerese
- Magnetização de saturação (MSAT), Retentividade ou magnetização remanente (MREM)
- Coercividade (Hc), S*, declive em Hc, valor de dM/dH ou suscetibilidade diferencial em Hc Distribuição do campo de comutação (SFD)
- Nivelamento, rácio de quadratura (SQR)
- Laços de histerese menores
- Curva de magnetização inicial
- Remanescência DC
- Remanescência AC

- Medições vectoriais (mx e my)
- Dados de magnetização em função do tempo

Todos os tipos de materiais magnéticos:

- Materiais diamagnéticos, paramagnéticos, ferromagnéticos, ferrimagnéticos, antiferromagnéticos e anisotrópicos
- Materiais de registo magnético contínuo e de partículas e materiais GMR, CMR, com polarização por troca e com válvula de spin
- Materiais magnético-ópticos
- Materiais a granel, pós, películas finas, cristais simples e líquidos são facilmente acomodados

Caraterísticas:

- Piso de ruído/sensibilidade a 0,1 μemu a 16,2 mm (0,64 polegadas) de espaço de ar, correspondendo a < 3,5 mm (0,14 polegadas) de espaço da bobina de deteção, e média de 10 s/pt
- A folga de ar variável do íman permite ajustes do íman/bobina para se adaptar às amostras e fornecer forças de campo até 31 kOe
- As bobinas magnéticas arrefecidas a água proporcionam uma excelente estabilidade de campo quando é necessária uma potência elevada para atingir a capacidade de campo máxima
- A fonte de alimentação bipolar proporciona uma transição contínua e suave através do campo zero
- Aquisição rápida de dados - a execução média de amostras (ciclo de histerese) em toda a gama de campos requer normalmente apenas alguns minutos
- Software gráfico a cores orientado por menus do Windows™ NT/2000 para funcionamento do sistema, aquisição de dados e análise. O software do sistema inclui a operação e o controlo da fonte de alimentação do íman, da unidade de controlo do VSM e do gaussímetro. O feedback em tempo real dos dados de medição do momento magnético processado pode ser apresentado em formato gráfico ou tabular [17].

1.4.8. Microscopia eletrónica de transmissão (TEM)

A microscopia eletrónica de transmissão (TEM) é uma técnica de microscopia através da qual um feixe de electrões é transmitido através de um espécime ultrafino, interagindo com o espécime à medida que o atravessa. É formada uma imagem a partir da interação dos electrões transmitidos através do espécime; a imagem é ampliada e focada num dispositivo de imagem, como um ecrã fluorescente, numa camada de película fotográfica ou para ser detectada por um sensor como uma câmara CCD [18]. Neste trabalho, o microscópio eletrónico de transmissão JEOL JEM-2100 é utilizado para estudar a microestrutura e determinar o tamanho dos cristais das nanopartículas.

Fig. 1.14 JEOL JEM-2100 Eletrão de transmissão

Tabela 1.3 JEOL JEM-2100 Feauters [19]

Electron optics	
Electron source	W' or LaB_6 emitter
Acceleration voltage	80 to 200 kV
Point resolution	up to 0.19 nm (UHR pole piece)

Line resolution	0.14 nm
Magnification range	X 50 to max. X 1,500,000(depending on the pole piece)
Specimen stage	
Type	Side-entry goniometer
Stage movement	X: 2 mm Y: 2 mm Z: 0.4 mm (depending on the pole piece) T: biszu ±80° (depending on the pole piece and the specimen holder)

1.4.9. Medidor de pH digital

Um medidor de pH é um dispositivo eletrónico utilizado para medir o pH (acidez ou alcalinidade) de um líquido (embora sejam por vezes utilizadas sondas especiais para medir o pH de substâncias semi-sólidas). Um medidor de pH típico é constituído por uma sonda de medição especial (um elétrodo de vidro) ligada a um medidor eletrónico que mede e apresenta a leitura do pH. A sonda é uma parte essencial de um medidor de pH, é uma estrutura semelhante a uma haste, normalmente feita de vidro. Na parte inferior da sonda existe um bolbo, o bolbo é uma parte sensível da sonda que contém o sensor.

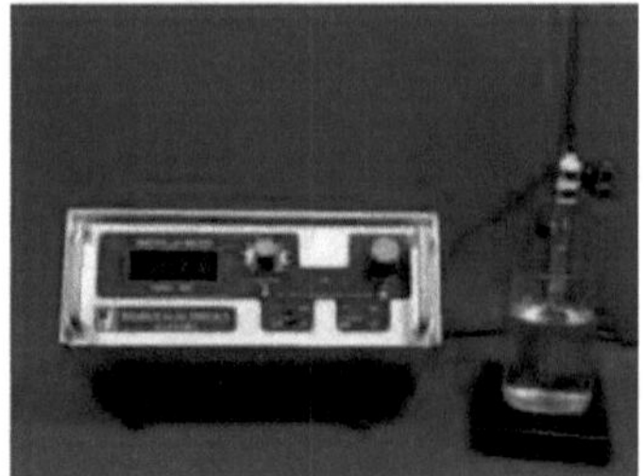

Fig. 1.15 Medidor digital de pH (modelo 2001)

Para um trabalho muito preciso, o medidor de pH deve ser calibrado antes de cada medição. Para uma utilização normal, a calibração deve ser efectuada no início de cada dia. A razão para tal é que o elétrodo de vidro não fornece uma f.m.e. reproduzível durante períodos de tempo mais longos. A calibração deve ser efectuada com, pelo menos, duas soluções tampão padrão que abranjam a gama de valores de pH a medir. Para efeitos gerais, são aceitáveis tampões com pH 4,01 e pH 10,00. O medidor de pH tem um controlo (calibrar) para ajustar a leitura do medidor ao valor do primeiro tampão padrão e um segundo controlo (inclinação) que é utilizado para ajustar a leitura do medidor ao valor do segundo tampão. Um terceiro controlo permite regular a temperatura. As saquetas de tampão padrão, que podem ser obtidas junto de vários fornecedores, indicam geralmente a forma como o valor do tampão varia com a temperatura [20].

Aplicações das nanopartículas de magnetite

Na última década, a síntese de nanopartículas de magnetite espinélio tem sido desenvolvida não só pelo seu grande interesse científico fundamental, mas também para muitas aplicações tecnológicas em biologia, como a extração de ADN genómico, agentes de contraste em imagiologia por ressonância magnética (MRI), aplicações médicas (como a administração de medicamentos direcionados), bioseparação e separação e pré-concentração de vários aniões e catiões devido às suas propriedades estruturais, electrónicas, magnéticas e catalíticas e aplicações ambientais como o tratamento de águas. Recentemente, as partículas nanométricas de óxido de ferro foram amplamente utilizadas em diferentes processos industriais, como o fabrico de semicondutores, materiais de registo, catalisadores, materiais para sensores de gás, etc. [21].

A rápida industrialização e urbanização resultam na descarga de grandes quantidades de resíduos para o ambiente, o que, por sua vez, gera mais poluição. A maioria dos efluentes coloridos é constituída por corantes, libertados para o ambiente pelas indústrias têxteis, de corantes e de tinturaria [22]. A cor é o primeiro contaminante a ser reconhecido nas águas residuais [21]. A presença destes corantes na água, mesmo em concentrações muito baixas, é altamente visível e indesejável [22]. Os subprodutos da degradação de corantes orgânicos, tais como os corantes azóicos sintéticos, têm impactos perigosos no ambiente, uma vez que contêm compostos de aminas aromáticas tóxicas e a taxa de remoção destes materiais durante o tratamento aeróbio de resíduos é ainda baixa [23]. O vermelho Congo é um desses corantes.

Vermelho Congo

O vermelho do Congo é o sal de sódio do ácido 3,3'-([1,1'-bifenil]-4,4'-diil)bis(4-aminonaftaleno-1-sulfónico) (fórmula: $C_{32}H_{22}N_6Na_2O_6S_2$; massa molecular: 696,66 g/mol). Trata-se de um corante diazóico secundário. O vermelho Congo é solúvel em água, produzindo uma solução coloidal vermelha; a sua solubilidade é melhor em solventes orgânicos como o etanol.

Tem uma forte afinidade, embora aparentemente não covalente, com as fibras de celulose. No entanto, a utilização do Vermelho Congo nas indústrias de celulose (têxtil de algodão, pasta de madeira e papel) foi abandonada há muito tempo, principalmente devido à sua toxicidade e tendência para escorrer e mudar de cor quando tocado por dedos suados.

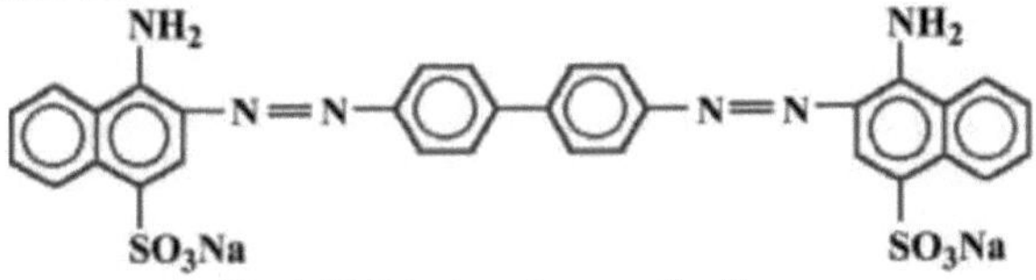

Fig. 1.16 Estrutura do vermelho Congo

- **História**

O Vermelho Congo foi sintetizado pela primeira vez em 1883 por Paul Bottiger, que trabalhava na altura para a Friedrich Bayer Company em Elberfeld, Alemanha. Ele estava à procura de corantes têxteis que não necessitassem de um passo amordente. A empresa não estava interessada nesta cor vermelha brilhante, pelo que registou a patente em seu nome e vendeu-a à empresa AGFA de Berlim. A AGFA comercializou o corante com o nome "Congo Red", um nome apelativo na Alemanha na altura da Conferência de Berlim sobre a África Ocidental de 1884, um acontecimento importante na colonização de África. O corante foi um grande sucesso comercial para a AGFA. Nos anos seguintes, pelas mesmas razões, foram comercializados outros corantes com o nome "Congo": Congo rubine, Congo corinth, Congo brilhante, Congo orange, Congo brown e Congo blue [24].

- **Comportamento na solução**

Devido a uma mudança de cor de azul para vermelho a pH 3,0-5,2, o Vermelho Congo pode ser utilizado como indicador de pH. Uma vez que esta mudança de cor é aproximadamente inversa à do tornassol, pode ser utilizada com papel de tornassol num simples truque de salão: adicionar uma ou duas gotas de Vermelho Congo a uma solução ácida e a uma solução básica. Se mergulharmos papel de tornassol vermelho na solução vermelha, este ficará azul, enquanto que se mergulharmos papel de tornassol azul na solução azul, este ficará vermelho.

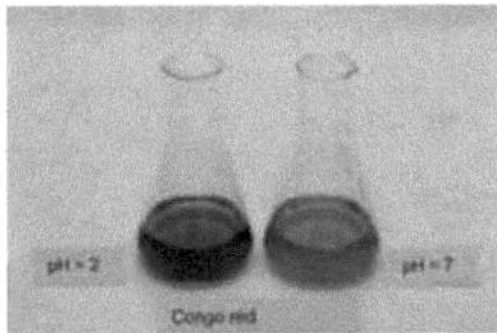

Fig. 1.17 Comportamento do Vermelho Congo em solução

O vermelho Congo tem uma propensão para se agregar em soluções aquosas e orgânicas. Os mecanismos propostos sugerem interações hidrofóbicas entre os anéis aromáticos das moléculas de corante, conduzindo a um fenómeno de empilhamento pi-pi. Embora estes agregados estejam presentes em vários tamanhos e formas,

as "micelas em forma de fita" de algumas moléculas parecem ser a forma predominante (mesmo que o termo "micela" não seja totalmente apropriado neste caso). Este fenómeno de agregação é mais frequente em concentrações elevadas de vermelho Congo, em condições de salinidade elevada e/ou de pH baixo.
O seu espetro de absorção UV-visível mostra um pico caraterístico e intenso em torno de 498 nm em solução aquosa, a baixa concentração de corante [24].

- **Toxicidade**

Muitos dos corantes orgânicos, como o vermelho Congo, são perigosos e podem afetar a vida aquática e até a cadeia alimentar [25]. A libertação destes corantes na corrente de água é indesejável e tem um impacto ambiental grave. Devido à sua cor intensa, reduzem a transmissão da luz solar para a água, afectando assim as plantas aquáticas, o que acaba por perturbar o ecossistema aquático; além disso, também são tóxicos para os seres humanos. O vermelho Congo é um conhecido carcinogéneo para o ser humano e pode também causar dermatite alérgica e irritação da pele. A libertação e a acumulação de corantes sob a forma de soluções em suspensão nas águas interiores provenientes de fábricas de curtumes, têxteis, papel e outras indústrias produzem um tremendo stress químico-azoico nos organismos aquáticos, incluindo os peixes, resultando na sua mortalidade em massa. A remoção de corantes dos resíduos industriais antes de serem descarregados nas massas de água é, por conseguinte, muito importante do ponto de vista da saúde e da higiene e para a proteção do ambiente.

- **Mecanismo de adsorção do vermelho do Congo por nanopartículas de magnetite**

As superfícies dos óxidos metálicos estão geralmente cobertas por grupos hidroxilo que variam de forma em diferentes pHs. À medida que o pH da solução de RC aumenta, verifica-se uma diminuição proporcional da adsorção devido à desprotonação dos grupos hidroxilo no adsorvente e à repulsão eletrostática entre os locais carregados negativamente no adsorvente e os aniões do corante. Para mais informações, consultar o potencial zeta do Vermelho Congo no capítulo 5.

CAPÍTULO 2

Antecedentes e revisão da literatura

2.1. Nanopartículas de magnetite

2.1. 1. Método de síntese

Recentemente, o método Sol-Gel foi desenvolvido para a preparação de nanopartículas de magnetite utilizando precursores metalorgânicos [26,27], embora possam ser produzidas nanopartículas de magnetite altamente cristalinas e de tamanho uniforme, estes procedimentos sintéticos acima mencionados não podem ser aplicados à produção económica e em grande escala, porque requerem reagentes caros e frequentemente tóxicos e passos sintéticos complicados.

Haibin Yang et al. [2] descobriram que as nanopartículas de magnetite podem ser sintetizadas com sucesso através do método Sol-Gel combinado com recozimento sob vácuo, utilizando nitrato férrico não tóxico e barato e etilenoglicol como materiais de partida. As nanopartículas de magnetite podem ser obtidas numa gama de temperaturas relativamente mais longa, de pelo menos 200-400 °C. A presente via é fácil de controlar durante os processos de reação sem considerar o controlo da razão molar Fe(II)/Fe(III) e a condição básica. As dimensões das nanopartículas de magnetite obtidas podem ser facilmente adaptadas através da variação da temperatura de recozimento.

Tang et al. [28] prepararam películas finas de magnetite nanoestruturada pelo método sol-gel com reagente barato de cloreto de ferro (II) como materiais de partida. As nanopartículas de magnetite foram obtidas a 300 °C, mas surgiu hematite quando a temperatura aumentou para 350 °C. Este problema limita a sua utilidade em aplicações. Este problema limita a sua utilidade em aplicações. O método Sol-gel, baseado na reação de nitrato férrico e etilenoglicol, foi descrito para a síntese de óxidos de ferro e misturas de óxidos de ferro, mas não é possível obter magnetite pura.

O.M. Lemine et al. [29] propõem uma via fácil para fabricar nanopartículas de magnetite com um tamanho médio de cerca de 8 nm utilizando o método sol-gel modificado em condições supercríticas de álcool etílico (EtOH).

Nguyen Hoang Hai et al. [30] prepararam nanopartículas de Fe3O4 através da técnica de microemulsão com água como fase aquosa, n-hexano como fase oleosa e Span 80 como surfactante. A reação ocorreu sob atmosfera de ar, N2 ou alta temperatura e alta pressão. O processo de síntese ocorreu através da mistura de dois sistemas de microemulsão com composições idênticas mas com diferentes tipos de fase aquosa. O primeiro consistia numa solução aquosa de sais de cloreto de ferro (FeCl2.6H2O e FeCl3.6H2O) dispersos no mono-oleato de sorbiano (Span 80)/n-hexano. O segundo sistema incluía um agente precipitante NH4OH disperso no Span 80/n-hexano. As duas microemulsões foram misturadas sob agitação contínua (tipicamente 2 horas) para obter nanopartículas.

M. Gotic et al. [31] sintetizaram partículas de magnetite de tamanho nanométrico utilizando o método de duas microemulsões em combinação com a irradiação Y da microemulsão resultante.

Juliano Toniolo et al. [32] relataram a síntese de pós de óxido de ferro (Fe3O4 e a-Fe2O3) por diferentes razões molares de combustível para oxidante usando uréia como combustível e nitrato férrico como oxidante. O nitrato férrico Fe(NO3)3.9H2O e a ureia com 99% e 99,5% de pureza, respetivamente (especificação do fornecedor), foram utilizados como materiais de partida.

M. I. M. Ismail et al. [33] prepararam partículas ultrafinas de Fe3O4 através da co-precipitação de soluções aquosas de misturas de (NH4)2Fe(SO4)2 e FeCl3, respetivamente, em meio alcalino. (NH4)2. Fe(SO4)2 e FeCl3 são misturadas na sua respectiva estequiometria (isto é, razão Fe^{+2}: Fe^{+2}: Fe^{+3} = 1:2).

Wei Cai et al. [34] sintetizaram nanopartículas de magnetite em polióis líquidos a temperaturas elevadas. O solvente poliol desempenha um papel crucial na determinação da morfologia e da estabilidade coloidal das partículas resultantes. Vários polióis líquidos, incluindo etilenoglicol (EG), dietilenoglicol (DEG), trietilenoglicol (TREG) e tetraetilenoglicol (TEG), foram testados para reduzir Fe(acac)3 (acac = acetylcetonate) a magnetite num procedimento de reação semelhante. Verificaram que apenas a reação de Fe(acac)3 em TREG conduz a nanopartículas de magnetite não agregadas.

2.1. **2. Caracterização**

XRD

Haibin Yang et al. [2] utilizaram a difração de raios X em pó (XRD, D/MaxrA) com radiação Cu Ka (l ¼ 0,15418 nm) e os picos de difração em 2y ¼ 35.481, 62.621, 30.121, 57.021, e 43.121 podem ser atribuídos aos planos (3 1 1), (4 4 0), (2 2 0), (5 1 1) e (4 0 0) do Fe3O4 (JCPDS 88-0866), respetivamente. O tamanho médio das partículas das nanopartículas de Fe3O4 sintetizadas na gama de temperaturas de 200-400 °C, calculado pelas equações de Scherrer, é de 8,5 (a), 10,6 (b), 13,6 (c) e 15,5 nm (d), respetivamente.

O.M. Lemine et al. [29] utilizaram medidas de difração de raios X em pó (XRD) utilizando um difratómetro Bruker D8 Advance a 40 kV, 30 mA equipado com radiação Co Ka (1,78901 Å) para ângulos na gama 2h = 20-70 utilizando um passo angular de 0,02.

O tamanho dos cristalitos foi calculado a partir da fórmula de Scherer onde k = 1,78901 Å, K é uma constante cujo valor é aproximadamente 0,9 e B (rad) é a largura do pico.

Nguyen Hoang Hai et al. [30] efectuaram uma análise da estrutura do pó seco de NPs não revestidas utilizando um difratómetro de raios X D5005 com radiação Cu Ka. O diâmetro das partículas obtido a partir da fórmula de Sherrer para todas as amostras situava-se entre 7 nm e 22 nm.

M. Gotic et al. [31] utilizaram o difratómetro de pó de raios X APD 2000 (radiação Cu Ka, monocromador de grafite, detetor NaI-Tl) fabricado por ITALSTRUCTURES, Riva Del Garda, Itália.

JulianoToniolo et al. [32] utilizaram radiação CuKa num difratómetro de raios X da Philips, (modelo X'Pert MPD) nos pós sintetizados por combustão para caraterização de fases, a uma taxa de 1/min, utilizando radiação Cu Ka num difratómetro de raios X da Philips (modelo X'Pert MPD). Os resultados tendem a indicar que os pós obtidos através das proporções ricas em combustível têm os maiores tamanhos de cristalitos em comparação com os dos precursores estequiométricos e pobres em combustível.

M. I. M. Ismail et al. [32] utilizaram a difração de raios X (Philips X'Pert, Cu Ka, 40 kV, 30 mA e k = 1,54056 Å) para determinar as fases da amostra e o tamanho médio das partículas do pó seco.

De acordo com a fórmula de sherrer, o tamanho das partículas é determinado tomando a média dos tamanhos nos picos D220, D311, D400, D422, D511 e D440, e verificou-se que era de 10 nm.

Wei Cai et al. [34] utilizaram os dados padrão de XRD para magnetite a granel (ficheiro JCPDS n.º 19-0629). Não se observam picos de quaisquer outras fases nos padrões de XRD das partículas, o que indica a elevada pureza dos produtos. O tamanho médio dos cristais simples, calculado pela fórmula de Scherrer, é de 6,8 nm.

LU Wei et al. [35] utilizaram a difração de raios X em pó (XRD) com radiação Cu Ka (Modelo D/max2550, Rigaku, Japão) e o padrão é indexado (220), (311), (400), (422), (511) e (440) da estrutura de espinélio inverso.

TG/DTA

Nguyen Hoang Hai et al. [30] estudaram a perda de peso (Análise de Gravidade Térmica) em função da temperatura (taxa de aquecimento de 10 °C/min) com um DSC SDT 2960 TA Instruments. Na gama de temperaturas inferiores a 200 °C, a perda foi de cerca de 2%, o que pode ser explicado pela evaporação da água remanescente. Registou-se uma perda de peso de 17% no intervalo de 200-250 °C, que resultou da evaporação das NPs de revestimento de OA.

Wei Cai et al. [34] utilizaram análises termogravimétricas (TGA) sob azoto a uma taxa de aquecimento de 5 °C/minuto desde a temperatura ambiente até 550 °C, utilizando um analisador NETZSCH STA 449 C. A presença de ligandos de poliol na superfície das nanopartículas de magnetite é apoiada pela medição TGA. Esta indica uma perda de peso em duas fases nos intervalos de temperatura de 25-200 °C e 200-350 °C. A primeira ligeira perda de peso corresponde à evaporação da água adsorvida e do etanol ou acetato de etilo. A segunda fase, que representa a perda de peso mais significativa, pode ser atribuída à remoção de TREG residual na amostra, cujo ponto de ebulição é de cerca de 280 °C.

Dong-Hwang Chen et al. [36] efectuaram TGA e DTA nas nanopartículas magnéticas secas ao ar com uma taxa de aquecimento de 10 °C min^{-1} em instrumentos Shimadzu TA-50WSI TGA e DTA, respetivamente. Não apareceu nenhum pico significativo na curva DTA. Além disso, a curva TGA mostra que a perda de peso na gama de temperaturas de 100 a 400 °C foi de apenas cerca de 2%. Isto pode dever-se à perda de água residual e dos grupos amina na amostra.

Hongzhang Qi et al. [37] efectuaram TG-DTA numa Análise Térmica Simultânea (NETZSCH STA 449C). As amostras foram analisadas numa gama de temperaturas de 20-500 °C com uma velocidade de aumento de temperatura de 10 °C/min em diferentes atmosferas (no ar e sob vácuo). Uma curva TG-DTA típica em ar atmosférico para o gel seco apresenta três etapas distintas de perda de peso e a curva DTA mostra três picos exotérmicos. A primeira etapa de perda de peso na gama de temperaturas de 100-250 °C, que é acompanhada por um pico exotérmico em torno de 216 °C na curva DTA, é atribuída à perda combinada de água ou de substâncias orgânicas residuais da preparação do gel, à perda do precursor orgânico decomposto e à combustão do precursor orgânico. O segundo passo de perda de peso no intervalo de temperatura de 250-400 °C corresponde à combustão de alguma matéria orgânica. O terceiro passo de perda de peso é acima de 400 °C, que é acompanhado por uma exotérmica acentuada na curva DTA, devido à formação de alguns óxidos de ferro. Os resultados indicam que a temperatura de recozimento no ar deve estar compreendida entre 250 °C e 350 °C. Existe uma outra curva TG-DTA sob vácuo. Em contraste, há apenas um pico exotérmico em torno de 300 °C na curva DTA. Os resultados mostram que a temperatura de recozimento sob vácuo deve ser de 250-400 °C.

SEM/EDS/FESEM

Haibin Yang et al. [2] obtiveram as morfologias, os tamanhos e a análise da composição das nanopartículas de magnetite utilizando um microscópio eletrónico de varrimento de emissão de campo (FESEM JSM- 6700F) equipado com um espetrómetro de dispersão de energia de raios X (EDS). Os tamanhos médios das nanopartículas de Fe3O4 foram determinados como sendo de cerca de 18 e 25 nm, respetivamente. A imagem EDS das nanopartículas de Fe3O4 como sintetizadas mostrou que as nanopartículas são constituídas por elementos Fe e O.

O.M. Lemine et al. [29] obtiveram a morfologia, a distribuição de tamanhos e a composição química das partículas utilizando o microscópio eletrónico de varrimento por emissão de campo (FE-SEM) Nova 200 Nano Lab acoplado ao EDAX. A imagem FE-SEM também confirma a dispersão das nanopartículas obtidas. O espetro de análise química confirma a presença apenas de elementos Fe e O, com uma fase de estequiometria Fe3O4.

Nguyen Hoang Hai et al. [30] utilizaram uma imagem típica de microscópio eletrónico de varrimento (SEM) de uma amostra de magnetite (tipo C, w/s = 20) revestida com OA. O tamanho das partículas era inferior a 10 nm, o que está de acordo com o valor obtido nos resultados de XRD. Algumas caraterísticas desta imagem mostram que o tamanho das partículas pode ser de 5-6 nm. Foram obtidas imagens semelhantes para outras amostras.

M. Gotic et al. [31] utilizaram o microscópio eletrónico de varrimento de emissão de campo térmico (FE SEM, modelo JSM-7000F) fabricado pela JEOL. O FE SEM foi ligado ao EDS/INCA 350 (analisador de raios X por dispersão de energia) fabricado pela Oxford Instruments.

JulianoToniolo et al. [32] registaram micrografias electrónicas de varrimento com um instrumento Jeol (modelo JSM-5800) após o revestimento das amostras com ouro. A morfologia SEM dos aglomerados de óxido de ferro revelou partículas aglomeradas espumosas com uma ampla distribuição e a presença de alguns vazios na sua estrutura. A formação destas caraterísticas é atribuída ao facto de as partículas tenderem a agregar-se e a tornar-se mais grosseiras às temperaturas do processo de síntese da combustão. Não se verificaram diferenças significativas nas relações combustível-oxidante de todas as morfologias examinadas pelo MEV.

Pietro Russo et al. [38] caracterizaram a amostra de Fe3O4 (s) por microscopia eletrónica de varrimento (SEM), e as nanopartículas aparecem agregadas em partículas secundárias densamente compactadas. Além disso, em grandes ampliações, estas partículas secundárias aparecem como grãos de pó constituídos por nanopartículas esféricas estreitamente compactadas e parcialmente sinterizadas.

VSM /SQUID/PPMS

Haibin Yang et al. [2] utilizaram um magnetómetro de amostra vibrante (VSM, JDM-13) para encontrar os laços de magnetização para nanopartículas de magnetite à temperatura ambiente. Para reduzir o efeito de materiais residuais orgânicos inevitavelmente absorvidos nas propriedades magnéticas das nanopartículas de Fe_3O_4, as nanopartículas de Fe_3O_4 foram lavadas com etanol várias vezes antes de serem analisadas quanto às propriedades magnéticas. Os valores de magnetização saturada Ms das nanopartículas de Fe_3O_4 obtidos a 200, 250 e 400 °C são de 31, 47 e 60 emu/g, respetivamente. Os resultados indicam que o valor da magnetização saturada aumenta continuamente com o aumento da temperatura de recozimento na gama de temperaturas estudada e com o aumento do tamanho das nanopartículas. Os valores de coercividade Hc são de 0,04, 0,07 e 0,23 kOe para as nanopartículas de Fe_3O_4 obtidas a 200, 250 e 400 °C, respetivamente. É indicado que o comportamento superparamagnético é frequentemente observado à temperatura ambiente com partículas de óxido de ferro de < 10 nm. Devido ao tamanho das nanopartículas de Fe_3O_4 de > 10 nm, obtidas mesmo a 200 °C, as caraterísticas superparamagnéticas à temperatura ambiente não podem ser observadas.

O.M. Lemine et al. [29] obtiveram as propriedades magnéticas do pó preparado, que foram determinadas por um magnetómetro SQUID-VSM comercial da Quantum Design à temperatura ambiente e a baixa temperatura. A amostra envolvida por parafilmes de fundo magnético bastante baixo foi montada dentro do suporte de amostras de latão padrão para medições magnéticas. Foram medidas magnetizações dependentes do campo até 6 Tesla a 5 e 300 K, respetivamente. O valor da magnetização de saturação à temperatura ambiente é inferior ao valor obtido a 5 K. A diminuição da magnetização de saturação pode ser explicada pelo comportamento regular do parâmetro de ordem de um ferromagneto. Além disso, a magnetização de saturação obtida à temperatura ambiente (57 emu/g) é ligeiramente inferior ao valor registado para o Fe_3O_4 em massa (92 emu/g). A partir do ZFC 1000 Oe, pode verificar-se que, abaixo de 250 K, a curva M (1/T) se desvia totalmente da dependência linear, o que indica um comportamento ferromagnético ou ferrimagnético abaixo de 250 K. Além disso, a forma quadrada do laço de histerese indica também que o comportamento das nanopartículas obtidas não é superparamagnético. Todos os resultados mostraram a queda na magnetização de saturação com a redução do tamanho dos cristalitos. A importante redução do valor da magnetização de saturação pode ser explicada pelos efeitos de tamanho finito e desordem superficial. Em geral, a magnetização na superfície é mais baixa do que no interior. Uma possível contaminação das nanopartículas obtidas pode também causar a redução da magnetização de saturação.

Nguyen Hoang Hai et al. [30] mediram as propriedades magnéticas com um magnetómetro de amostra vibratória DMS 880.

JulianoToniolo et al. [32] mostraram os laços de histerese dos pós como sintetizados que exibem valores de magnetização bastante baixos. Para preparar as amostras sob diferentes proporções de combustível e oxidante, eles colocaram as amostras em finas colunas capilares de vidro (Ø 6 mm) que foram devidamente acopladas ao equipamento vibratório. Os pós não atingem um valor de saturação mesmo a 15.000

Oe. Esta é uma caraterização típica dos materiais magnéticos macios. Os rácios combustível-oxidante L1 (Fuel-lean -50%), S (Stoichiometry) e R1 (Fuel-rich +100%) quase não têm magnetização remanescente a uma intensidade de campo magnético nula, o que é uma indicação de superparamagnetismo.

No entanto, nos pós sintetizados em reacções ricas (R2 e R3) com ureia, a magnetização de saturação foi notavelmente elevada em comparação com outras relações combustível-oxidante estudadas. Na prática, apresentam algumas caraterísticas de materiais magnéticos duros. Este resultado parece ser causado mais pela dependência da quantidade da fase magnetite do que pela presença de partículas superparamagnéticas. O teor de impurezas ou a fraca cristalização podem também afetar o comportamento magnético dos pós sintetizados, reduzindo a magnetização máxima e aumentando ligeiramente a força coerciva. **M**. I. M. Ismail et al. [33] efectuaram medições de magnetização à temperatura ambiente até um campo magnético máximo (H) de 900 Tesla, utilizando VSM caseiro, e foram avaliados parâmetros magnéticos como a magnetização de saturação específica (Ms), a força coerciva (Hc) e a remanência (Mr). É mencionado que os tamanhos mais pequenos das partículas apresentam valores mais baixos de Ms, como esperado, devido à desordem da superfície e à distribuição catiónica modificada. A diminuição de Ms em tamanhos mais pequenos é atribuída aos efeitos de superfície pronunciados nestas nanopartículas. Considera-se que a superfície das nanopartículas é composta por alguns spins acantonados ou desordenados que impedem os spins do núcleo de se alinharem ao longo da direção do campo, resultando na diminuição da magnetização de saturação das nanopartículas de pequenas dimensões.

Wei Cai et al. [34] utilizaram o sistema de medição das propriedades físicas (PPMS) da Quantum Design com um campo magnético até 5 T, para obter medições magnéticas. A dependência da magnetização em relação à temperatura foi medida utilizando o procedimento padrão de arrefecimento de campo zero (ZFC) e de arrefecimento de campo (FC). A medição ZFC-FC foi efectuada entre 10 e 300 K no campo aplicado de 50 Oe. O resultado da medição ZFC-FC mostra uma caraterística do superparamagnetismo. Na medição ZFC, quando as partículas são arrefecidas a campo zero a partir da temperatura ambiente, os momentos magnéticos das partículas são orientados aleatoriamente e a magnetização total tende para zero. Quando é aplicado um campo magnético externo, cada vez mais partículas orientam os seus momentos magnéticos paralelamente ao campo aplicado com o aumento da temperatura. A curva ZFC atingiu o máximo a 100 K, o que corresponde à temperatura de bloqueio (TB) da amostra. Na TB a energia térmica torna-se comparável à barreira de energia obtida no campo magnético externo. Acima da TB a amostra é superparamagnética e abaixo é ferromagnética. No caso do procedimento FC, a magnetização aumenta monotonicamente à medida que a temperatura diminui. A divergência das curvas FC e ZFC abaixo de TB é atribuída à existência de barreiras de anisotropia magnética. Assim, as nanopartículas resultantes podem ser consideradas como domínios magnéticos únicos com uma temperatura de bloqueio TB de cerca de 100 K. A magnetização dependente do campo a diferentes temperaturas confirma este resultado. A 300 K, as nanopartículas exibem um comportamento superparamagnético sem coercividade e remanência podem ser observadas. A magnetização de saturação destas nanopartículas de magnetite de 7 nm é de 69 emu/g a 5 T. A 10 K, as partículas apresentam um comportamento ferromagnético e os valores observados da coercividade e da magnetização de saturação são 214 Oe e 79 emu/g.

LU Wei et al. [35] obtiveram as propriedades magnéticas das amostras resultantes, que foram caracterizadas por um magnetómetro de amostra vibrante (VSM7407, Lake Shore) à temperatura ambiente. As medições magnéticas em todas as nanopartículas de Fe3O4 indicam que as partículas são super paramagnéticas à temperatura ambiente, o que significa que a energia térmica pode ultrapassar a barreira energética da anisotropia de uma única partícula e que a magnetização líquida das partículas na ausência de um campo externo é zero. Os valores de magnetização saturada Ms das nanopartículas de Fe3O4 com diferentes tamanhos são de 47,9, 54,4 e 61,7 emu/g, respetivamente. Os resultados indicam que o valor da magnetização saturada aumenta continuamente com o aumento dos tamanhos.

Dong-Hwang Chen et.al [36] utilizaram o magnetómetro do dispositivo de interferência quântica supercondutor (SQUID). A histerese muito fraca revelou que as nanopartículas magnéticas resultantes eram superparamagnéticas. A partir dos gráficos de M vs. H e dos seus alargamentos perto da origem, a magnetização de saturação (Ms), a magnetização remanente (Mr), a coercividade (Hc) e a quadratura (Sr-Mr/Ms) foram determinadas como sendo 63,2 emu/g, 0,83 emu/g, 8,3 Oe e 0,013, respetivamente, para nanopartículas magnéticas nuas. A magnetização de saturação das nanopartículas de Fe3O4 foi reduzida para 69% do Fe3O4 em massa (92 emu/g). A redução de Ms pode dever-se à diminuição do tamanho das partículas e ao aumento acompanhado da área de superfície. Sabe-se que a energia de uma partícula magnética num campo externo é proporcional ao seu tamanho através do número de moléculas magnéticas num único domínio magnético. Quando esta energia se torna comparável à energia térmica, as flutuações térmicas reduzem significativamente o momento magnético total num determinado campo. Sabe-se também que as moléculas magnéticas da superfície não têm uma coordenação completa e que os spins estão igualmente desordenados. Este fenómeno é mais significativo para as nanopartículas devido à sua grande relação superfície/volume. Assim, o valor Ms mais pequeno para as nanopartículas em comparação com os materiais a granel correspondentes é razoável. Além disso, foi demonstrado que a estrutura desordenada nos materiais amorfos e na interface, como a que se encontra num limite de grão, causa uma diminuição do momento magnético efetivo. Por conseguinte, outra razão possível para a diminuição de Ms poderá ser a cristalização incompleta das nanopartículas de Fe3O4, que conduziu a impurezas amorfas não detectáveis por XRD.

Hongzhang Qi et al. [37] caracterizaram as propriedades magnéticas das amostras resultantes com um magnetómetro de amostra vibratória (VSM7407, Lake Shore). As medições magnéticas em todas as nanopartículas de Fe3O4 indicam que as partículas são superparamagnéticas à temperatura ambiente, o que significa que a energia térmica pode ultrapassar a barreira de energia anisotrópica de uma única partícula e que

a magnetização líquida das partículas na ausência de um campo externo é zero. Verifica-se que os valores de magnetização saturada Ms das nanopartículas de Fe3O4 obtidos a diferentes temperaturas são de 56,8, 63,2, 64,4 e 68,1 emu/g, respetivamente. Os resultados indicam que o valor da magnetização saturada aumenta continuamente com o aumento da temperatura de recozimento na gama de temperaturas estudada. O comportamento magnético das nanopartículas de Fe3O4 é muito sensível ao tamanho das partículas. Além disso, após as nanopartículas de Fe3O4 de 10 nm terem sido oxidadas ao ar a 250 °C durante 3 h, a sua Ms é reduzida para 50,7 emu/g, sugerindo a transformação de Fe3O4 em Fe2O3.
Pietro Russo et al. [38] relataram o trabalho anterior, no qual o magnetismo da sonda foi medido por meio do magnetómetro MPMSR-5S-SQUID da Quantum-Design. Nas curvas ZFC/FC foi observada a transição de Verwey a 120 K. Esta transição justificou o facto de o núcleo da nanopartícula ser constituído por magnetite estequiométrica. As curvas de magnetização-temperatura mostram uma magnetização de saturação de cerca de 64 emu/g que, portanto, é muito inferior ao valor bulk da magnetite 92 emu/g, observando-se remanência e coercividade adicionais. A diminuição da magnetização de saturação deve-se, provavelmente, ao invólucro de maghemite que envolve as nanopartículas.
H.J. Gao et al. [39] caracterizaram as propriedades magnéticas de amostras de pó com um Quantum Design PPMS 6000, medindo a dependência do campo aplicado da magnetização entre -14 e 14 kOe a 300 K. O laço de histerese do pó de nanopartículas de Fe3O4 medido à temperatura ambiente mostra o comportamento magnético esperado. As NPs de magnetite não apresentam remanência magnética e os declives iniciais da curva de magnetização são acentuados. Estes factos estão relacionados com efeitos de tamanho finito e de superfície. Assim, as NPs são consideradas superparamagnéticas. As inclinações iniciais íngremes mostram aplicações promissoras em dispositivos magnéticos em nanoescala. A Ms (magnetização de saturação) das nanopartículas de Fe3O4 com 20 nm de capa de citrato é de cerca de 58 emu/g.

TEM

O.M. Lemine et al. [29] utilizaram um microscópio eletrónico de transmissão da JEOL (JEM- 2100), operado a 200 keV2100F). Verifica-se que as partículas são muito pequenas (tamanho nanométrico) com uma distribuição homogénea do tamanho das partículas. Além disso, pode ser observado que as partículas possuem uma forma quase esférica sem agregação. O tamanho médio dos cristais obtido a partir de XRD usando o pico mais intenso, correspondente à reflexão (311) usando a fórmula Debye-Scherer e imagens TEM é de cerca de 8 nm.
M. Gotic et al. [31] utilizaram um microscópio eletrónico fabricado pela Opton (modelo EM-10). Antes da observação no TEM, os pós foram dispersos em acetona utilizando um banho de ultra-sons e, em seguida, uma gota da dispersão foi colocada numa grelha de cobre previamente coberta com uma fina película de polímero. Uma micrografia TEM da amostra M3 confirmou que as partículas de magnetite tinham um tamanho nanométrico entre 5 e 20 nm.
LU Wei et al. [32] utilizaram padrões de difração de electrões de transmissão (TEM) e de difração de electrões de área selecionada (SAED) num microscópio eletrónico Hitachi H-800, utilizando uma tensão de aceleração de 200 kV. As nanopartículas de Fe3O4 têm uma forma semiesférica com um tamanho médio de 7 nm. Para preparar nanopartículas maiores de Fe3O4, foi adotado um método de crescimento mediado por sementes. As nanopartículas mais pequenas de Fe3O4 foram misturadas com mais materiais precursores e a mistura foi aquecida como na síntese de nanopartículas de 7 nm. Ao controlar a quantidade de sementes de nanopartículas, podem ser formadas nanopartículas de Fe3O4 com vários tamanhos.
M. I. M. Ismail et al. [33] utilizaram a microscopia eletrónica de transmissão (microscópio eletrónico Jeol_Jem_1230) para estudar a microestrutura e determinar o tamanho das partículas. É evidente que as partículas testadas têm uma forma esférica com uma distribuição de tamanho estreita e os seus tamanhos de partícula são de 10,59 nm, que é aproximadamente o tamanho calculado pela fórmula de Debye-Scherrer.
Wei Cai et al. [34] utilizaram imagens de microscópio eletrónico de transmissão (TEM) e padrões de difração eletrónica de área selecionada (SAED) num Philips Tencai 20 com uma tensão de aceleração de 200 kV. As amostras para análise TEM foram preparadas espalhando uma gota de dispersão diluída de nanopartículas de magnetite preparadas sobre grelhas de cobre revestidas de carbono amorfo e depois secas ao ar. Os resultados

da análise TEM confirmam que as partículas estão bem dispersas em água e que não se verifica qualquer agregação detetável. É sabido que as partículas coloidais magnéticas se atraem mutuamente por forças de Van der waals e interações dipolares magnéticas. Acredita-se que a razão pela qual as nanopartículas de magnetite preparadas podem ser facilmente dissolvidas em grandes quantidades em água para obter uma solução aquosa estável é a formação de uma barreira estérica resultante dos fortes ligandos hidrofílicos TREG revestidos nas partículas durante o processo de síntese.

Dong-Hwang Chen et al. [36] utilizaram o TEM utilizando um JEOL modelo JEM-1200EX a 80 kV para observar o tamanho e a morfologia das nanopartículas magnéticas. A amostra para análise TEM foi obtida colocando uma gota da solução de etanol dispersa em nanopartículas magnéticas numa grelha de cobre coberta com Formvar e evaporando-a ao ar à temperatura ambiente. Antes de retirar a amostra, a solução dispersa foi submetida a ultra-sons durante 1 minuto para obter uma melhor dispersão das partículas na grelha de cobre. Ficou claro que as partículas de Fe3O4 nuas eram essencialmente muito finas e mono dispersas com um diâmetro médio de 13,2 nm.

Hongzhang Qi et al. [37] utilizaram a difração eletrónica de transmissão (TEM) e os padrões de difração eletrónica de área selecionada (SAED) foram obtidos num microscópio eletrónico Hitachi H-800. As nanopartículas de Fe3O4 têm uma forma quase esférica com um tamanho médio de 10,5 nm, uma distribuição estreita do tamanho das partículas e uma boa homogeneidade. As reflexões correspondem aos planos de difração (111), (220), (311), (400), (511) e (440) caraterísticos da fase magnetite. A diferença entre os padrões de difração de electrões policristalinos das fases magnetite e maghemite é resolvida pela presença do plano de difração (111), caraterístico da estrutura FCC da magnetite, como pode ser notado como o anel mais próximo do feixe de electrões transmitidos no SAED. Em combinação com o resultado de XRD, os resultados podem ajudar a confirmar a formação de nanopartículas de Fe3O4.

Pietro Russo et al. [38] utilizaram a microscopia eletrónica de transmissão (TEM, Philips EM2085, 100 kV). Na preparação dos espécimes para a investigação TEM, o pó de magnetite foi disperso em etanol através da aplicação de ultra-sons (banho de ultra-sons, Bandeline RK515CH), tendo sido adicionado um tensioativo polimérico (polivinilpirrolidona), Mw = 10 000 gr.mol $^{1)}$ para obter um coloide estável. Em seguida, uma gota desta suspensão coloidal foi colocada numa grelha de cobre TEM revestida por uma película fina de resina Formvar e deixada a secar ao ar à temperatura ambiente. Após a secagem, a grelha de cobre foi grafitada por pulverização catódica. O pó preparado consistia em nanopartículas mono dispersas com um tamanho de cerca de 15-20 nm. Estas partículas produziram estruturas ramificadas ou dendríticas muito grandes. Os detalhes observados em grande ampliação (180000 x) confirmaram que a amostra é constituída por nanopartículas pseudo-esféricas com uma distribuição mono-modal do tamanho das partículas.

H. J. Gao et al. [39] utilizaram imagens de microscopia eletrónica de transmissão (TEM) e padrões de difração de electrões (ED) das NPs num microscópio JEOL 200CX operado a uma tensão de aceleração de 120 kV. As amostras de nanopartículas em pó foram dispersas em água ultrapura por sonicação e depois colocadas numa grelha de cobre para observação no TEM. A distribuição do tamanho das NPs foi determinada medindo os diâmetros de cem NPs selecionadas aleatoriamente nas imagens TEM. Foram obtidos tamanhos de NPs de Fe3O4 entre 20 e 40 nm. As imagens TEM indicaram que o tamanho das partículas pode ser controlado através da variação dos parâmetros experimentais. As distribuições de tamanho foram avaliadas medindo o diâmetro de mais de cem NPs selecionadas aleatoriamente a partir das imagens TEM. Os histogramas inseridos nas partes mostram que as NPs de Fe3O4 como sintetizadas tinham uma distribuição de tamanho estreita, e os diâmetros médios das amostras eram (20 (o) 16%), (25 ((5) 19%), e (40 nm (O) 10%), respetivamente. Além disso, o padrão de difração de electrões de área selecionada (SAED) das NPs de Fe3O4 de 20 nm apresenta uma estrutura de magnetite.

2.2. Remoção de corantes

A. Afkhami et al. [21] estudaram a remoção do Vermelho Congo, um corante têxtil cancerígeno, de soluções aquosas por nanopartículas de maghemite. Os estudos de adsorção foram realizados adicionando 0,015 gr de nanopartículas de maghemita à solução de 50 mL de diferentes concentrações de CR num copo de 250 mL. O pH da solução de CR foi ajustado a 5,9 utilizando 0,01 mol L ^{1} de HCl e/ou 0,1 mol L ^{1} de NaOH e a solução foi agitada durante 30 minutos. Em seguida, as nanopartículas de maghemite carregadas com CR foram separadas por decantação magnética e centrifugação a 3800 rpm durante 3 min. A concentração de CR na solução foi medida espectrofotometricamente a 498 nm. A concentração de CR diminuiu com o tempo devido à sua adsorção pela maghemite.

N.Dalali et al. [22] estudaram a remoção de corantes ácidos de águas residuais utilizando nanopartículas de magnetite revestidas com surfactantes. Cerca de 24 mg de Fe3O4 e 0,2 mL de CTAB (10 mg mL^{-1}) foram adicionados a 40 mL de solução NY (10 mg $L^{-1)}$ num copo. O pH da solução foi ajustado para 10 por adição de 2 mL de tampão fosfato 0,1 mol L^{-1}. A mistura foi agitada por uma vareta de vidro durante cerca de 1 minuto e o copo foi então colocado no íman. As NPs de Fe3O4 que adsorveram NY foram separadas magneticamente e a solução inicial de cor amarela tornou-se incolor.

B.Naresh et al. [40] analisaram tecnologias biológicas recentes para o tratamento de efluentes têxteis.

M.Alaei et al. [41] estudaram o efeito das nanopartículas de WO3 no vermelho do Congo. A atividade fotocatalítica das nanopartículas de WO3 foi medida através da fotodegradação do Vermelho do Congo (CR) e da Rodamina B (RB) sob irradiação UV.

A. López-Vásquez et al. [42] estudaram a descoloração fotocatalítica do Vermelho Congo utilizando Titânio. As experiências fotocatalíticas foram efectuadas num recipiente aberto de Pyrex de 100 ml. A fonte de radiação, cinco lâmpadas pretas, foi irradiada perpendicularmente à superfície da solução, e a distância entre a fonte de UV e o recipiente contendo a mistura de reação foi fixada em 15 cm. As experiências foram efectuadas à temperatura ambiente de 18 °C. Em todas as experiências, a quantidade de fotocatalisador dopado foi de 0,5 gr/l.

CAPÍTULO 3

Parte Experimental

3.1. Materiais

a) Nitrato férrico (nitrato de ferro [III]) não-hidratado

- Fórmula: Fe(No3)3.9H2O
- Peso molecular: 404 gr/mol
- Especificação: Ensaio (oxidimétrico): min.98.0%
- Sensibilização: Oxidante e irritante
- Densidade: 1,6429 g/cm^3
- Empresa química: FINAR Chemicals Limited.

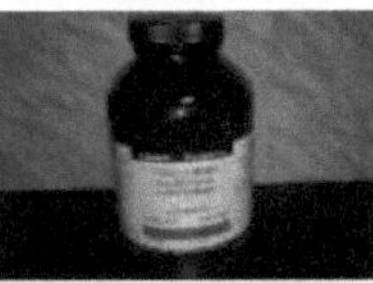

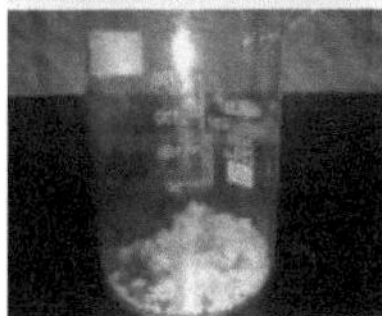

Fig. 3.1 Nitrato férrico

b) Etanodiol (Etilenoglicol)

- Fórmula: C2H6O2
- Peso molecular: 62,07 gr/mol
- Especificação: Ensaio (GC) : min.99.0%, Ponto de ebulição (95%) : 194 - 199°C
- Sensibilização: Nocivo
- Densidade: 1,1132 g/cm^3
- Empresa química: FINAR Chemicals Limited.

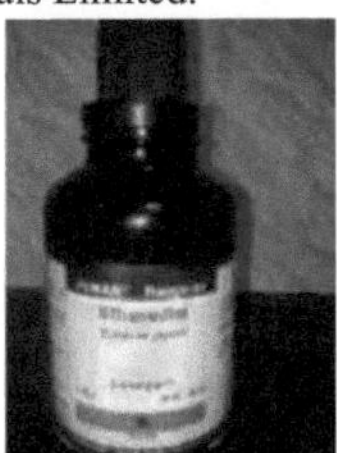

Fig. 3.2 Etilenoglicol

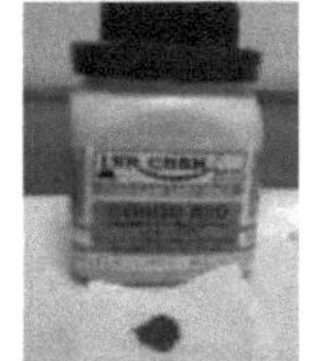

Fig. 3.3 Vermelho Congo

c) Vermelho Congo

- Fórmula: C32H22N6Na2O6S2

- Peso molecular: 696,68 gr/mol
- PH: 3,0-5,2 (azul violeta a vermelho alaranjado)
- Adsorção: Max.497-500 gm
- Empresa química: NR CHEM

Fig. 3.4 Ácido clorídrico

d) **Ácido clorídrico** 0,01 molar (para ajuste do pH)
   - Fórmula: HCL
   - Peso molecular: 36,46
   - Especificação: Ensaio (acidimétrico): 35-38%
   - Sensibilização: Corrosivo
   - Empresa química: VITRA LAB

e) **Hidróxido de sódio** 0,1 molar (para ajuste do pH)
   - Fórmula: NaOH
   - Peso molecular: 40 gr/mol
   - Especificação: Ensaio (acidimétrico): min.97.0%
   - Sensibilização: Corrosivo
   - Densidade: 2,13 g/cm^3
   - Empresa química: FINAR Chemicals Limited.

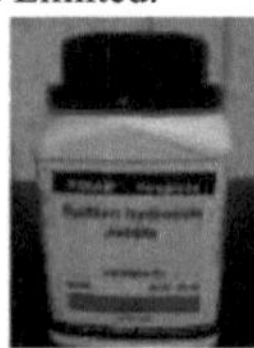

Fig. 3.5 Hidróxido de sódio

3.2. Síntese de nanopartículas de magnetite utilizando o método Sol-Gel

a) Em primeiro lugar, as peças de vidro foram lavadas com acetona e água destilada. Num copo, dissolveu-se 0,2 mol de nitrato férrico em 1,5 mol de etilenoglicol.

- **Fórmula de reação**

$$6\ Fe(No_3)_3.9H_2O + 46\ C_2H_6O_2 \longrightarrow 2\ Fe_3O_4 + 92\ CO_2 + 192\ H_2O + 9\ N_2$$

Fig. 3.6 Balança digital

b) A solução foi agitada com um agitador magnético durante cerca de 2 horas a 40 °C e o copo foi coberto com uma folha de alumínio para evitar a saída da solução.

Fig. 3.7 Produção de sol por agitador magnético

c) Em seguida, o sol preparado foi aquecido a 80 °C na incubadora e foi mantido a essa temperatura até se obter um gel castanho. O gel foi envelhecido à temperatura ambiente durante cerca de 1 h.

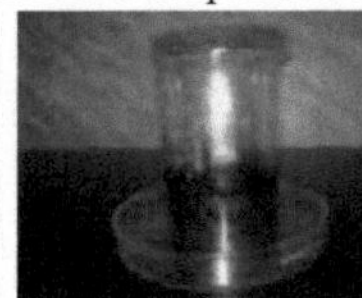
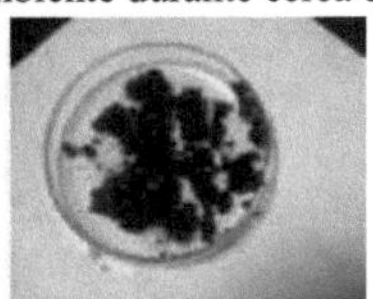

Fig. 3.8 Produção de gel por incubadora

d) Depois disso, o xerogel foi mantido num cadinho coberto por uma folha de alumínio e recozido a 200, 300 e 400 °C num forno sob atmosfera de ar durante cerca de 4 horas.

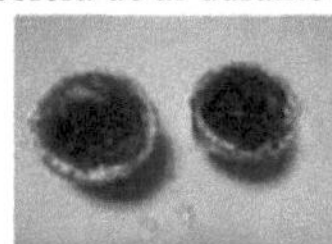

Fig. 3.9 Recozimento no forno

e) Finalmente, foram sintetizadas nanopartículas de magnetite de diferentes tamanhos.

Fig. 3.10 Nanopartículas de magnetite sintetizadas

f) Ilustração esquemática da preparação de nanopartículas de magnetite

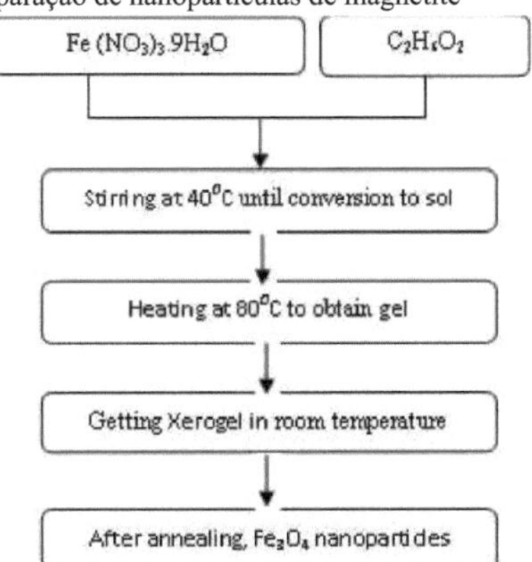

Fig. 3.11 Esquema da preparação

g) Ilustração esquemática da calcinação da nanopartícula sintetizada

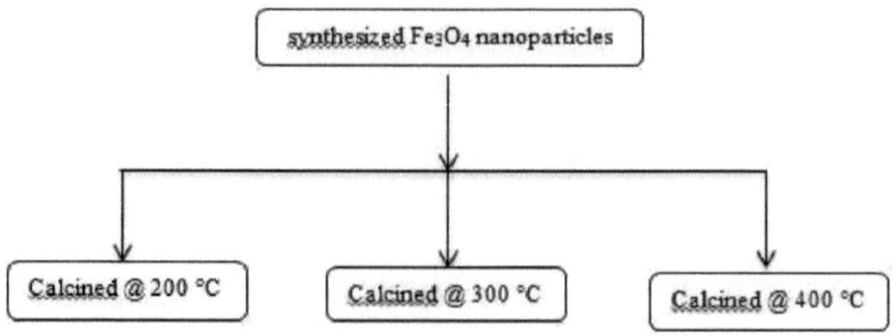

Fig. 3.12 Esquema das temperaturas de calcinação

CAPÍTULO 4

Resultados e discussões

4.1. XRD

- **Nanopartículas de Fe_3O_4**

Existem diferentes amostras que foram recozidas a 200, 300 e 400 °C. Os resultados de XRD são os seguintes:

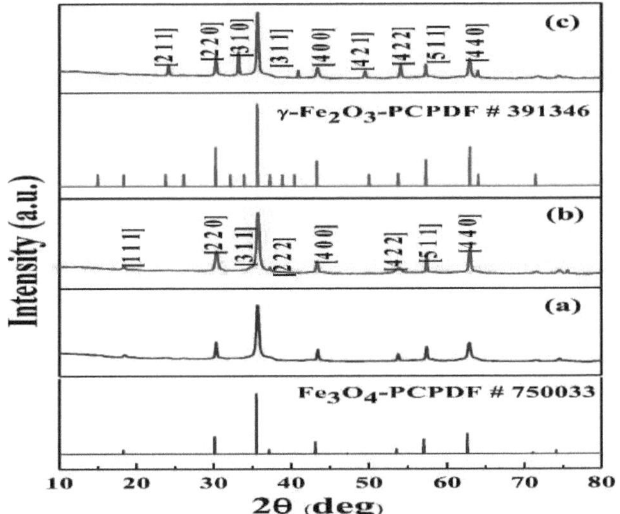

Fig. 4.1 Padrão XRD de amostras típicas obtidas a diferentes temperaturas de recozimento: (a) 200 °C, (b) 300 °C e (c) 400 °C e cartões PCPDF de Fe_3O_4, Y -Fe_2O_3

Os picos de difração em 2e = 30, 35, 43, 57 e 62 podem ser atribuídos aos planos (2 2 0), (3 1 1), (4 0 0), (5 1 1) e (4 4 0) de Fe_3O_4 (PCPDF#750033) a 200 °C e 300 °C. A constante de rede é a = b = c = 8,384 com 231,54 gm como peso molecular e sistema cristalino cúbico centrado na face. À temperatura de 400 °C, há mais picos a 26, 33 e 50 que podem ser atribuídos a (2 1 1), (3 1 0), (4 2 1) e comparados com (PCPDF#391346), é indicado que estes picos podem estar relacionados com γ-Fe_2O_3. A constante de rede é a = b = c = 8,351 com 159,69 gm como peso molecular e cúbico primitivo como sistema cristalino.

As nanopartículas de Fe_3O_4 sintetizadas podem ser facilmente transformadas em γ-Fe_2O_3, α-Fe_2O_3 ou α-Fe por tratamento a diferentes temperaturas e atmosferas. É bem conhecido que as nanopartículas de Fe_3O_4 podem ser oxidadas em γ-Fe_2O_3, que pode ser transformado em a-Fe_2O_3 a uma temperatura mais elevada. O resultado indica que a oxidação de Fe_3O_4 no ar a 400 °C conduz a γ-Fe_2O_3 e a temperatura de recozimento ao ar deve situar-se no intervalo entre 200-350 °C.

De acordo com [2], o padrão de difração corresponde bem ao α-Fe_2O_3 (PCPDF#24-0072), indicando a transformação de Fe_3O_4 em a-Fe_2O_3 a 500 °C no ar. Devido a um reagente orgânico (etilenoglicol) como material de partida e ao sistema fechado para a reação de recozimento, as nanopartículas de Fe_3O_4 podem inevitavelmente absorver alguns materiais redutores de materiais orgânicos residuais nas suas superfícies e as nanopartículas de Fe_3O_4 são reduzidas a a-Fe a 900 °C pelos materiais orgânicos residuais absorvidos nas suas superfícies.

O tamanho dos cristais das nanopartículas foi calculado pela fórmula de Scherrer:

$$Size = \frac{K \cdot \lambda}{\beta \cdot Cos\,\theta} \quad \ldots\ldots(1)$$

Onde:

- K é um fator de forma sem dimensão, com um valor próximo da unidade. O fator de forma tem um valor típico de cerca de 0,9, mas varia com a forma real do cristalito.

- λ é o comprimento de onda dos raios X que, neste caso, o dispositivo utilizado é Cu Ka = 1,54 A.
- β é o alargamento da linha a metade da intensidade máxima (FWHM) em radianos, que pode ser calculado a partir do software X'pert, analisando os dados dos resultados de XRD. É para 20 , e é dividido por 2 e convertido em radianos.
- θ é o ângulo de Bragg. O 2θ é dividido por 2 e convertido em radianos.

O tamanho médio dos cristais das nanopartículas de Fe3O4 sintetizadas a 200 °C, 300 °C e 400 °C é de 28,7, 30,5 e 34,9, respetivamente.

O espaçamento d entre planos paralelos na rede atómica pode ser calculado por:

$$d = \frac{a}{\sqrt{h^2 + k^2 + l^2}} \quad \ldots\ldots\ldots\ldots\ldots\ldots\ldots\ldots\ldots\ldots (2)$$

Onde:

- a é a constante da rede
- h, k e l são parâmetros da grelha

Além disso, o espaçamento d pode ser calculado pela lei de Bragg:

$$d = \frac{n\lambda}{2\sin\theta} \quad \ldots\ldots\ldots\ldots\ldots\ldots\ldots\ldots\ldots\ldots\ldots (3)$$

Onde:

- λ e 6 são iguais à fórmula de Scherrer
- n é um número inteiro determinado pela ordem dada

- **Vermelho Congo**

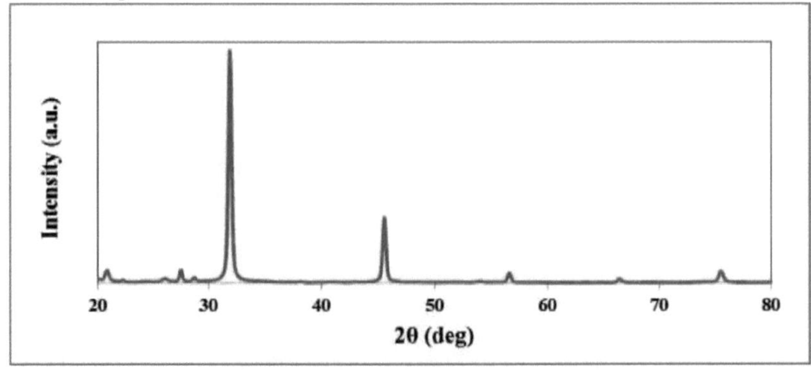

Fig. 4.2 Resultado XRD do vermelho Congo

Os picos de difração com maior intensidade são 20 = 20,75, 31,81, 45,54 e 75,38 e o tamanho médio dos cristais do Vermelho Congo é de 25,47 nm, calculado pela fórmula de Scherrer. A Fig. **4.2** indica que o Vermelho Congo é cristalino.

4.2. UV/Vis

As nanopartículas foram dispersas em 5 ml de água destilada.

Tabela 4.1 Propriedades UV/Vis

properties	
Mode of operation	Scan mode
Bandwidth	2nm

Wavelength/length	200-1100 nm
media	water

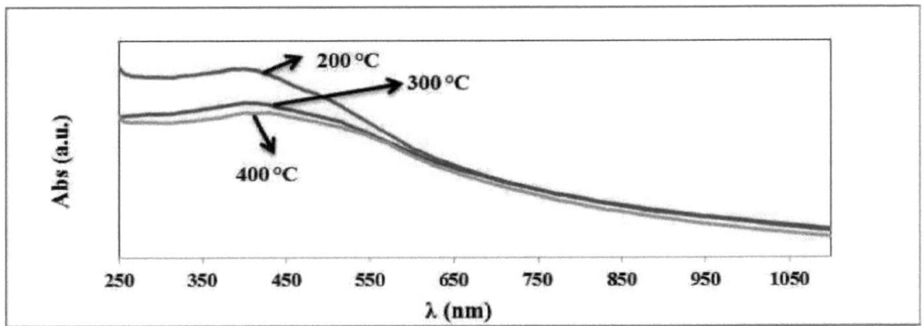

Fig. 4.3 Comparação dos resultados UV/Vis de Fe3O4 a: 200 °C, 300 °C e 400 °C

A Fig. **4.3** mostra que as nanopartículas têm um pico em torno de 400 nm. De acordo com [43], os iões de Fe podem ser dissolvidos em soluções aquosas e separados da superfície das nanopartículas. As nanopartículas têm uma elevada reatividade superficial, o que leva à libertação acelerada de iões de Fe. Quando o tamanho das nanopartículas diminui, os iões de Fe aumentam, uma vez que há um aumento da reatividade da superfície. Assim, a absorvância do Fe3O4 a 200 °C é elevada, em comparação com outras temperaturas.

4.3. TG/DTA

Quadro 4.2 Parâmetros de configuração para TG/DTA

Parameters	
Specimens Form	Powder
Reference Material	α-ALUMINA (Al_2O_3)
Crucible Material	Platinum
Heat Rate	20 °C /min
Temp start	30 °C
End temp	550 °C
Heating time	~20 Min
Atmosphere	Air

Tabela 4.3 Ponto de fusão e ponto de ebulição dos materiais utilizados [44], [45], [46], [47], [48], [49], [50], 51]

Materials	**Melting point (°C)**	**Boiling point (°C)**
Carbon (C)	At atmospheric pressure it has no melting point as its triple point is at 10.8 ± 0.2MPa and 4,600 ± 300 K (~4,330 °C or 7,820 °F),so it sublimes at about 3,900 K (3500.0 °C)	4827.0 °C (5100.15 K, 8720.6 °F)
Nitrogen (N_2)	63.15K,−210.00°C,−346.00°F	77.36K,−195.79°C,−320.33°F

Water (H_2O)	0 °C	100 °C
Hydrogen (H)	-259.14 °C (14.009985 K, -434.45203 °F)	-252.87 °C (20.280005 K, -423.166 °F)
Carbon dioxide (CO_2)	-78°C, 194.7K, -109°F	-57°C, 216.6K, -70°F
Ethylene glycol ($Fe(No_3)_3.9H_2O$)	−12.9°C, 260K, 9°F	197.3°C, 470K, 387°F
Iron (Fe)	1811K,1538°C, 2800°F	3134K,2862°C,5182°F
Ferric nitate ($C_2H_6O_2$)	47.2 °C (nonahydrate)	125 °C (nonahydrate)

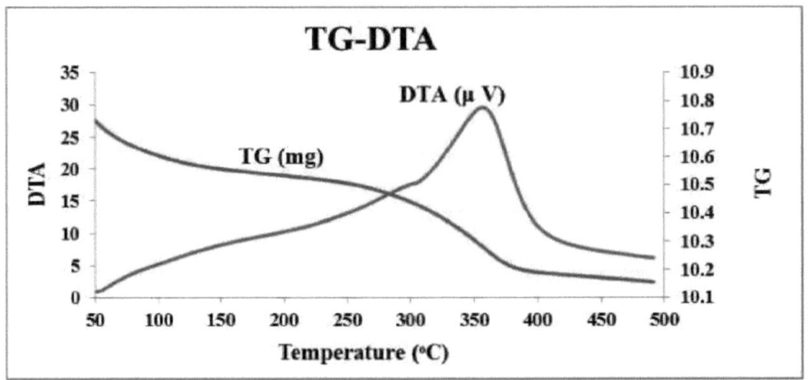

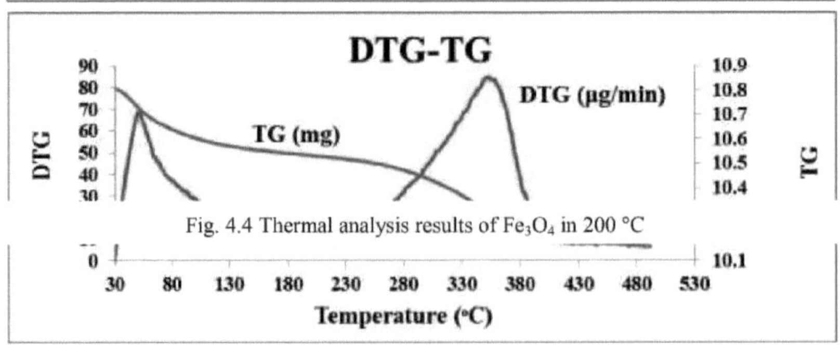

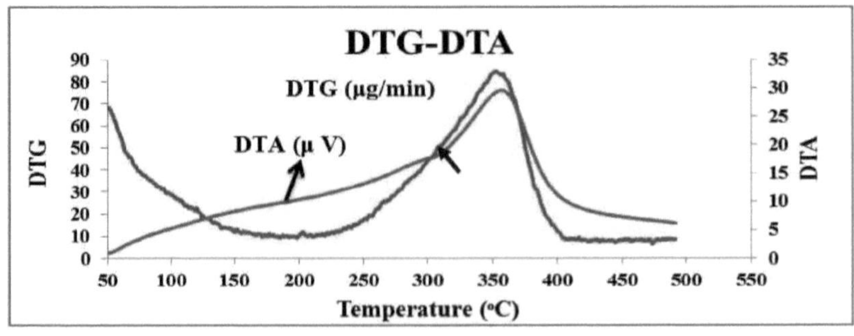

Fig. 4.4 Thermal analysis results of Fe_3O_4 in 200 °C

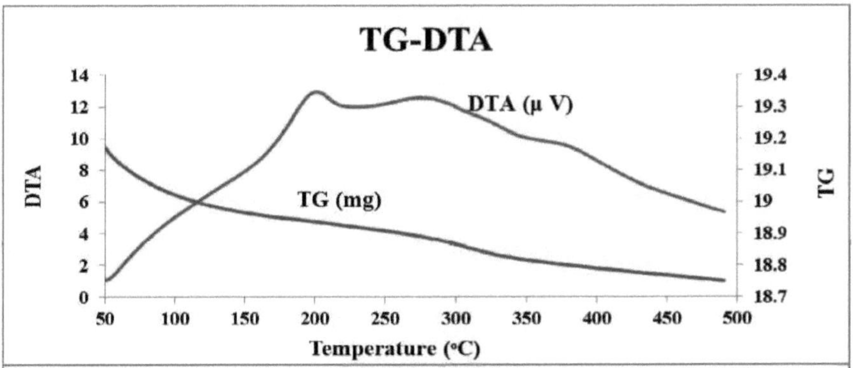

TG-DTA
DTA (µ V)
TG (mg)
DTA
TG
Temperature (°C)
14
12
10
8
6
4
2
0
19.4
19.3
19.2
19.1
19
18.9
18.8
18.7
50
100
150
200
250
300
350
400
450
500

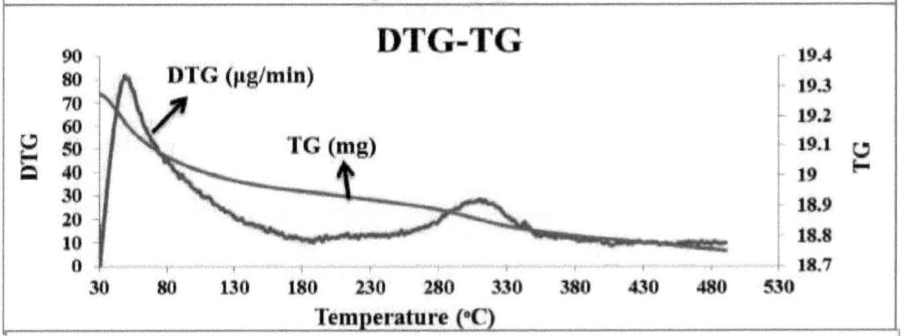

DTG-TG
DTG (µg/min)
TG (mg)
DTG
TG
Temperature (°C)
90
80
70
60
50
40
30
20
10
0
19.4
19.3
19.2
19.1
19
18.9
18.8
18.7
30
80
130
180
230
280
330
380
430
480
530

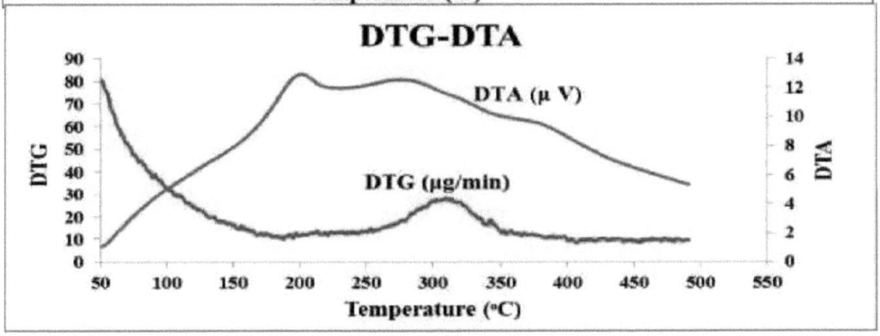

DTG-DTA
DTA (µ V)
DTG (µg/min)
DTG
DTA
Temperature (°C)
90
80
70
60
50
40
30
20
10
0
14
12
10
8
6
4
2
0
50
100
150
200
250
300
350
400
450
500
550

TG-DTA
DTA (µ V)
TG (mg)
DTA
TG
Temperature (°C)
16
14
12
10
8
6
4
2
0
27.9
27.8
27.7
27.6
27.5
27.4
27.3
27.2
50
100
150
200
250
300
350
400
450
500

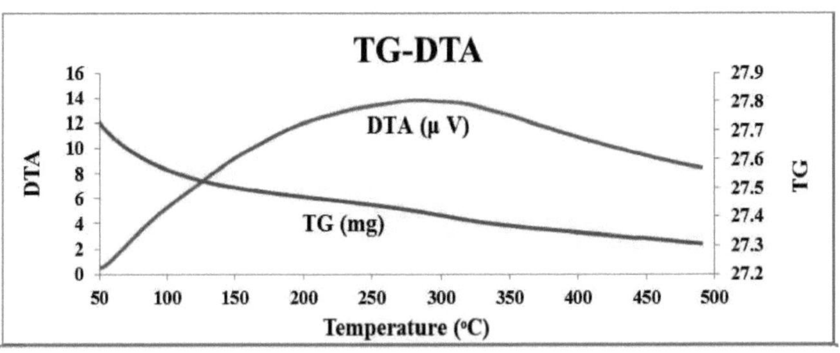

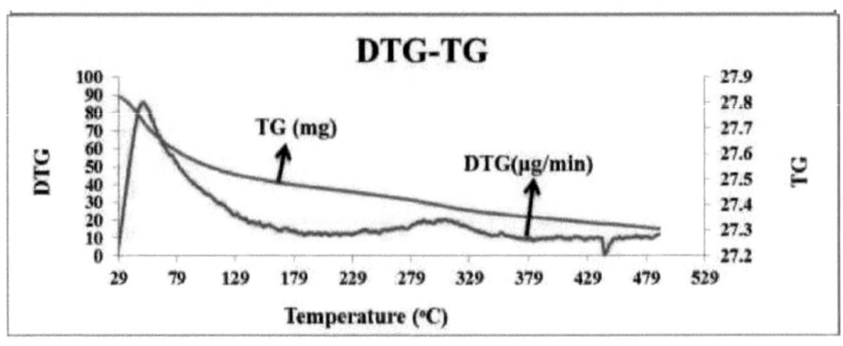
DTG-TG
TG (mg)
DTG(µg/min)
DTG
TG
Temperature (°C)

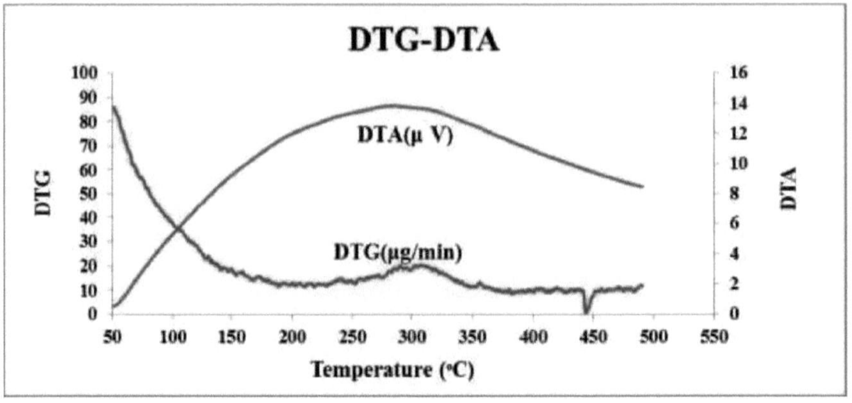
DTG-DTA
DTA(µ V)
DTG(µg/min)
DTG
DTA
Temperature (°C)

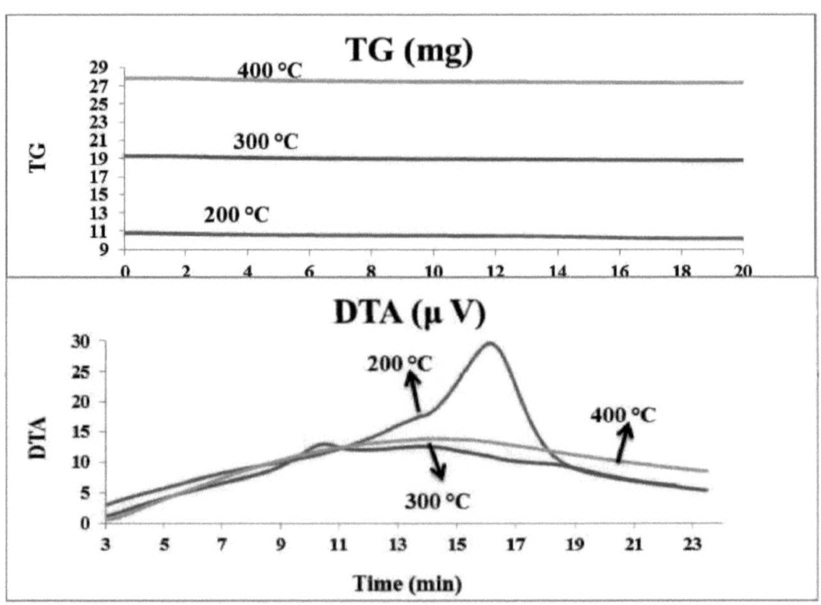
TG (mg)
400 °C
300 °C
200 °C
TG
DTA (µ V)
200 °C
400 °C
300 °C
DTA
Time (min)

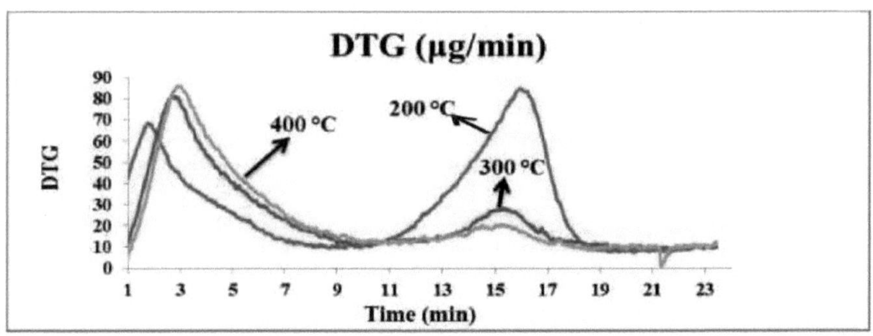

De acordo com a Fig. **4.4**, há duas etapas de perda de peso nas gamas de temperatura de 50-150 °C e 200-350 °C e a curva DTA mostra três picos exotérmicos. O primeiro passo de perda de peso, que é acompanhado por um pico exotérmico a cerca de 100 °C na curva DTA, está relacionado com a evaporação de água adsorvida ou de substâncias orgânicas residuais da preparação do gel. A segunda etapa de perda de peso, que é acompanhada por um pequeno pico exotérmico a cerca de 300 °C e um pico exotérmico acentuado a cerca de 350 °C na curva DTA, corresponde à perda do precursor orgânico decomposto e à sua combustão. Os resultados indicam que a temperatura de recozimento no ar deve estar compreendida entre 200 °C e 350 °C [37].

A gravimetria térmica derivativa indica a transição de fase dos materiais; é a derivação da gravimetria térmica pelo tempo. Na Fig. **4.4**, existem duas regiões para DTG. A primeira corresponde à transição de fase da água de líquido para vapor e a segunda está relacionada com a decomposição do precursor orgânico.

Comparando os valores de TG-DTA, DTG-TG e DTG-DTA, podemos constatar que o primeiro pico mostra uma transição de fase nos intervalos de temperatura de 50-150 °C e o segundo pico mostra a decomposição do precursor orgânico nos intervalos de temperatura de 200-350 °C.

De acordo com a Fig. **4.5**, os resultados do Fe3O4 a 300 °C são os mesmos que a 200 °C. Aqui há duas etapas de perda de peso nos intervalos de temperatura de 50-150 °C e 200-400 °C. Além disso, a curva DTA apresenta quatro picos exotérmicos. O primeiro passo de perda de peso, que é acompanhado por um pico exotérmico em torno de 100 °C na curva DTA, está relacionado com a evaporação de água adsorvida ou de substâncias orgânicas residuais da preparação do gel. A segunda etapa de perda de peso, que é acompanhada por dois picos exotérmicos acentuados e um pequeno pico na curva DTA, corresponde à perda do precursor orgânico decomposto e à sua combustão. A análise gravimétrica térmica derivada da Fig. **4.5** é idêntica à da Fig. **4.4**.

Comparando o TG-DTA, o DTG-TG e o DTG-DTA, podemos constatar que o primeiro pico mostra uma transição de fase nos intervalos de temperatura de 50-150 °C e o segundo pico mostra a decomposição do precursor orgânico nos intervalos de temperatura de 200-400 °C.

De acordo com a Fig. **4.6**, há três etapas de perda de peso nas faixas de temperatura de 50-150 °C, 200-300 °C e 350-450 °C. Além disso, a curva DTA mostra um pico exotérmico. O primeiro passo de perda de peso, que está associado à linha ascendente da curva DTA entre 50-150 °C, está relacionado com a evaporação de água adsorvida ou de substâncias orgânicas residuais da preparação do gel. A segunda etapa de perda de peso, que é acompanhada por um pico exotérmico a cerca de 300 °C na curva DTA, corresponde à perda do precursor orgânico decomposto e à sua combustão. De acordo com a Fig. **4.1** e os resultados de XRD, o terceiro passo de perda de peso em torno de 350-450 °C pode ser associado à oxidação de Fe3O4 em γ-Fe2O3 [37].

A gravimetria térmica derivada na Fig. **4.6** indica que existem três regiões para DTG. A primeira corresponde à transição de fase da água de líquido para vapor e a segunda, com um pico a 300 °C, está relacionada com a decomposição do precursor orgânico. A terceira região, com um pico a 450 °C, indica a transição de fase do Fe3O4. Isto mostra que o Fe3O4 a uma temperatura de cerca de 400 °C pode ser oxidado a Y-Fe2O3.

Comparando o TG-DTA, o DTG-TG e o DTG-DTA, verifica-se que a primeira região mostra uma transição de fase nos intervalos de temperatura de 50-150 °C e a segunda região mostra a decomposição do precursor orgânico nos intervalos de temperatura de 200-300 °C. A terceira região mostra a transição de fase do Fe3O4.

De acordo com a Fig. **4.7**, a comparação de TG mostra que a perda de peso das nanopartículas a 200 °C é de 10,8 mg para 10,1 mg (6% de perda de peso), a 300 °C é de 19,2 mg para 18,7 mg (3% de perda de peso) e a 400 °C é de 27,8 mg para 27,3 mg (2% de perda de peso). Isto significa que a quantidade de impurezas a 200 °C era maior do que a outras temperaturas que, com o aumento da temperatura de recozimento, diminuía.

A comparação da DTA mostra que existe um pico exotérmico nas três temperaturas, sendo que a 200 °C é mais elevado do que os outros devido à elevada quantidade de impureza que causa uma elevada diferença térmica entre a amostra e a referência.

A comparação de DTG indica que o pico de transição de fase a 200 °C é mais elevado do que a outras temperaturas devido à elevada quantidade de substâncias orgânicas residuais.

4.4. SEM

- **Fe3O4 a 200 °C**

Fig. 4.8 Imagens SEM de Fe3O4 a 200 °C

Tabela 4.4 Configuração de trabalho para Fe3O4 a 200 °C

No.	Accelerating Voltage (KV)	Magnification	Working Distance (mm)	Emission Current (m A)	Signal Name
(1)	15	x7.50k	6.6	152	SE
(2)	15	x5.00k	6.6	146	SE

- Fe3O4 a 300 °C

Fig. 4.9 Imagens SEM de Fe_3O_4 a 300 °C

Tabela 4.5 Configuração de trabalho para Fe3O4 a 300 °C

No.	Accelerating Voltage (KV)	Magnification	Working Distance (mm)	Emission Current (m A)	Signal Name
(1)	15	x5.00k	6.7	148	SE
(2)	15	x10.0k	6.7	145	SE

- **Fe3O4 a 400 °C**

Fig. 4.10 Imagens SEM de Fe_3O_4 a 400 °C

Tabela 4.6 Configuração de trabalho para Fe3O4 a 400 °C

No.	Accelerating Voltage (KV)	Magnification	Working Distance (mm)	Emission Current (m A)	Signal Name
(1)	20	x5.00k	12.3	95	SE
(2)	15	x2.00k	6.6	145	SE

As nanopartículas foram analisadas diretamente em forma de pó e, em seguida, as imagens indicaram que as nanopartículas estão aglomeradas devido ao xerogel.

4.5. EDS

Tabela 4.7 Materiais padrão do EDS

Standards	**Crystal Structure**
C …… $CaCO_3$ (Calcium carbonate)	
O …… SiO_2 (Silicon dioxide)	
Fe …... Fe (Iron)	
Au…....Au (Gold)	

- **Fe3O4 a 200 °C**

Fig. 4.11 Imagem SEM de Fe3O4 a 200 °C para EDS

Quadro 4.8 Percentagem em peso e percentagem atómica de Fe_3O_4 a 200 °C

Spectrum	C (wt%)	C (atomic %)	O (wt %)	O (atomic %)	Fe (wt %)	Fe (atomic %)
Spectrum 1	7.20	16.72	29.69	51.76	63.11	31.52
Spectrum 2	8.29	18.41	31.76	52.96	59.95	28.63
Spectrum 3	8.07	17.45	34.35	55.77	57.58	26.78
Spectrum 4	11.20	20.93	43.35	60.81	45.45	18.26
Spectrum 5	7.73	17.11	32.89	54.64	59.38	28.26

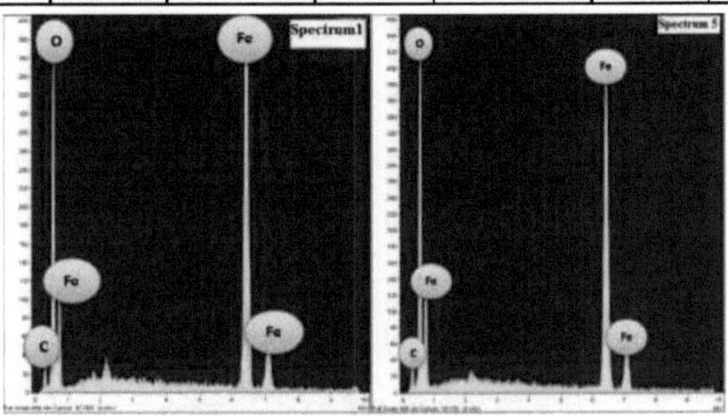

Fig. 4.12 Imagens EDS de Fe3O4 a 200 °C

- **Fe3O4 a 300 °C**

Fig. 4.13 Imagem SEM de Fe3O4 a 300 °C para EDS

Tabela 4.9 Percentagem em peso e percentagem atómica de Fe3O4 a 300 °C

Spectrum	C (wt%)	C (atomic%)	O (wt%)	O (atomic%)	Fe (wt%)	Fe (atomic%)	Au (wt%)	Au (atomic%)
Spectrum 1	10.61	19.78	44.46	62.21	44.93	18.01		
Spectrum 2	7.23	15.16	38.28	60.27	54.49	24.57		
Spectrum 3	7.16	15.07	38.69	61.11	52.02	23.54	2.12	0.27
Spectrum 4	9.25	18.51	39.58	59.46	51.17	22.03		

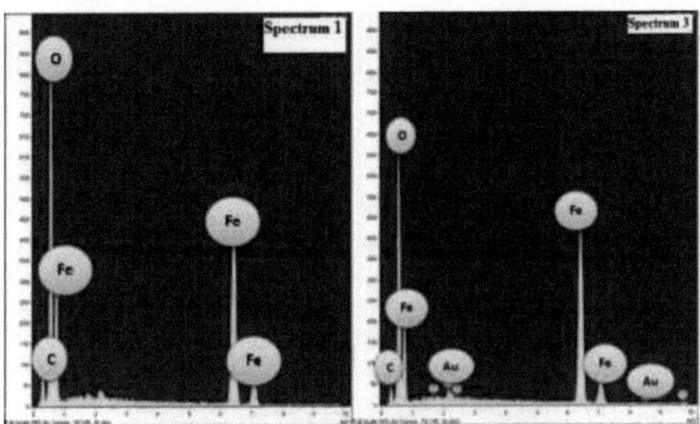

Fig. 4.14 Imagens EDS de Fe_3O_4 a 300 °C

- Fe3O4 a 400 °C

Fig. 4.15 Imagem SEM de Fe3O4 a 400 °C para EDS

Tabela 4.10 Percentagem em peso e percentagem atómica de Fe3O4 a 400 °C

Spectrum	C (wt%)	C (atomic%)	O (wt%)	O (atomic%)	Fe (wt%)	Fe (atomic%)	Au (wt%)	Au (atomic%)
Spectrum 1			30.26	60.94	66.91	38.60	2.83	0.46
Spectrum 2	5.33	12.75	30.32	54.47	62.70	32.27		
Spectrum 3			26.57	55.81	73.43	44.19		
Spectrum 4			23.10	51.19	76.90	48.81		

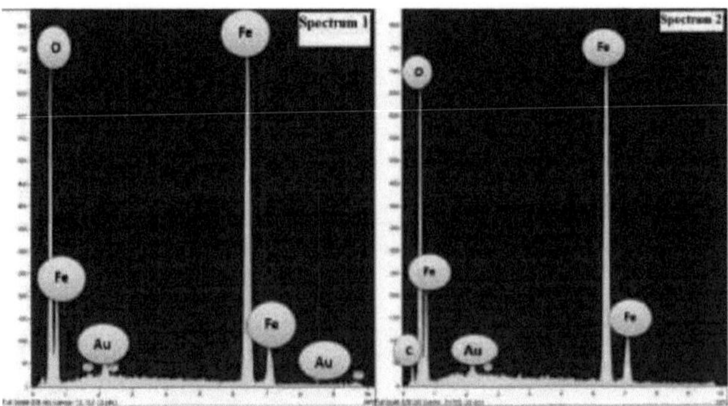

Fig. 4.16 Imagens EDS de Fe3O4 a 400 °C

Nas Fig. **4.12**, **4.14** e **4.16**, as imagens EDS mostram que as nanopartículas são constituídas por Fe e O. Além disso, existem quantidades negligenciáveis de C e Au.

Há três razões para o carbono: 1) O etilenoglicol é constituído por carbono e o seu ponto de fusão é de 3500 °C. Assim, pode ser observado como um dos elementos das nanopartículas, 2) A placa do SEM é coberta por carbono e, em seguida, as nanopartículas são colocadas sobre ele, 3) Pode estar relacionado com o óleo que é utilizado para fazer vácuo no dispositivo. O Au é observado porque o substrato do dispositivo foi coberto por ouro. O eletrão emitido pela sonda do dispositivo tem efeito nos electrões do nível (K) do carbono, oxigénio e ferro e nos electrões da camada (M) do átomo de ouro.

4.6. DLS

4.7. 1. Tamanho das partículas

Em primeiro lugar, 0,01 g de nanopartículas de Fe3O4 foram dispersas em 10 ml de água destilada e submetidas a ultra-sons durante, pelo menos, 5 minutos com o aparelho de limpeza ULTRASONIC (Microclean-101).

Quadro 4.11 Condições do analisador de tamanho de partículas

Conditions for characterization	Amount
Scattering angle	173
Temperature of the holder	25 °C
Viscosity of the dispersion medium (mPa.s)	0.891
Form of distribution	Broad
Representation of results	Scattering light intensity
Distribution Form (Dispersity)	Monodisperse

Tabela 4.12 Dados sobre o tamanho das partículas de Fe3O4 a: 200 °C, 300 °C e 400 °C

	parameters			
annealing temperature of nanoparticles (°C)	Count rate (KCPS)	Mean (nm)	S.D (nm)	Mode (nm)

200	7	164.7	515.5	20.2
300	1	688.9	1366.5	68.5
400	4	632.4	1318.5	42.1

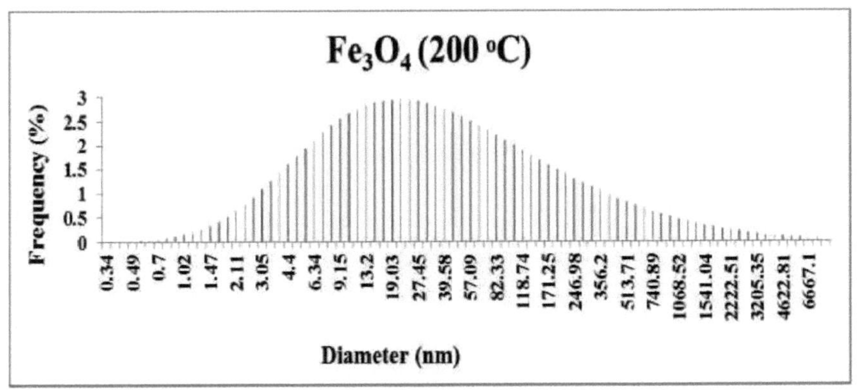

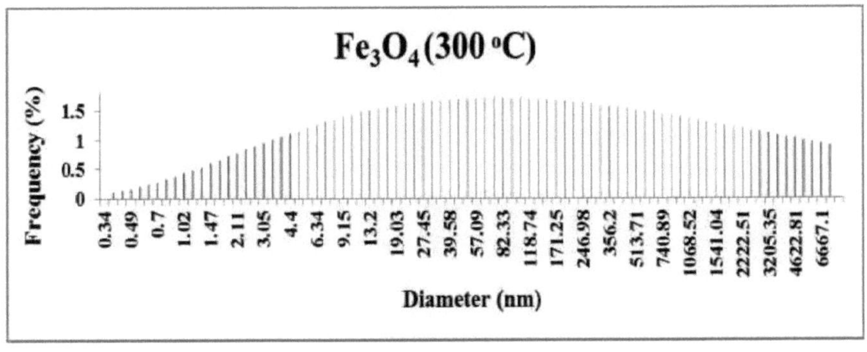

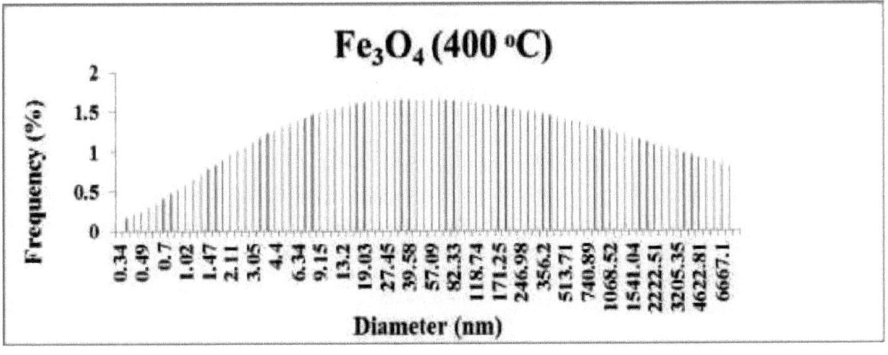

Fig. 4.17 Resultados do tamanho das partículas de Fe3O4 a 200 °C, 300 °C, 400 °C

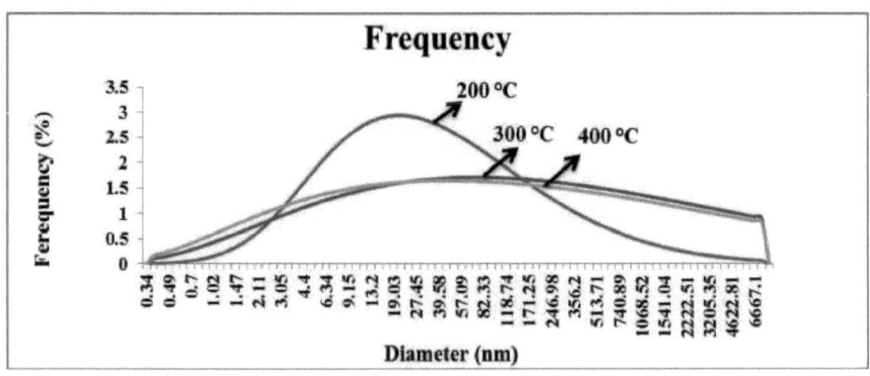

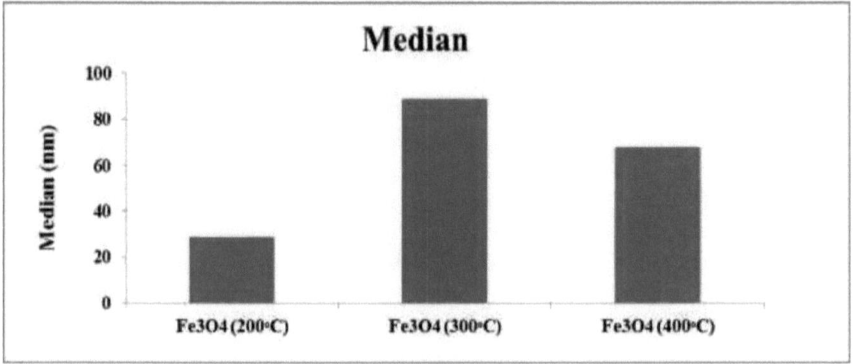

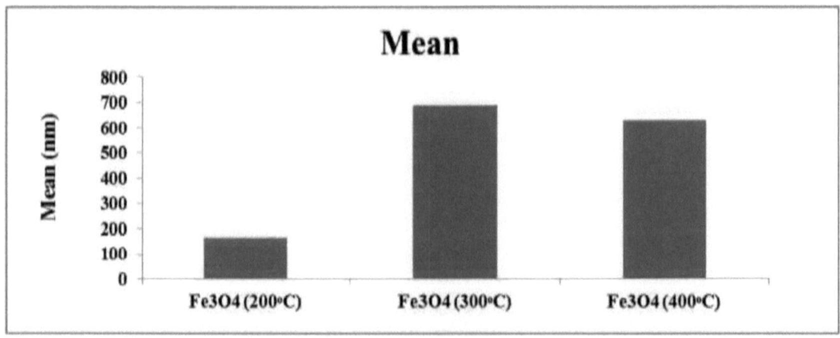

Fig. 4.18 Comparação da frequência, mediana e média

Os resultados mostram a distribuição das partículas no meio. A Fig. **4.17** mostra a comparação do tamanho das nanopartículas a 200 °C, 300 °C e 400 °C. De acordo com a **Tabela 4.12**, os valores médios de cada nanopartícula são 28,9 nm, 88,7 nm e 67,6 nm, respetivamente, e o tamanho médio é 61,73 nm. Em comparação com os resultados de XRD (28,7 nm, 30,5 nm e 34,9 nm, respetivamente), os valores obtidos pelo analisador de tamanho de partículas são superiores aos valores de XRD. Além disso, podemos dizer que a diminuição do tamanho a 400 °C se deve ao invólucro de maghemite que envolve as nanopartículas. Além disso, a comparação da frequência confirma os resultados da **Tabela 4.12**. Mostra que o número de nanopartículas com diâmetro de cerca de 20-30 nm a 200 °C é superior ao de outras temperaturas, o que está relacionado com o valor da mediana. A 300 °C, o número de 60-70 nm e a 400 °C o número de 80-90 nm é elevado.

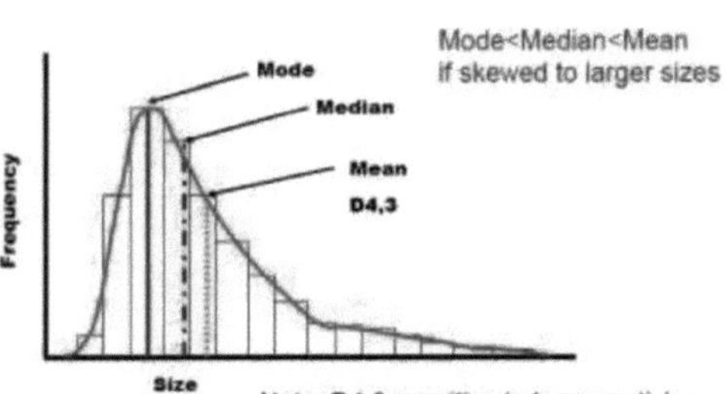

Fig. 4.19 Distribuição assimétrica

De acordo com a Fig. **4.19**, o valor da média é superior ao valor da mediana e o valor da mediana situa-se entre a moda e a média. De acordo com a **Tabela 4.12**, o valor médio da média é 495,33 nm.

4.6. 2. Potencial Zeta

- **Nanopartículas de Fe3O4**

O potencial **zeta** indica a carga das partículas na superfície do meio.

Tabela 4.13 Dados do potencial zeta do Fe3O4 a 200 °C, 300 °C e 400 °C

	Temperature of the holder (°C)	Viscosity of the dispersion medium (mPa.s)	Conductivity (mS/cm)	Electrode voltage (V)	Zeta potential (Mean) mV	Electrophoretic mobility mean (cm^2/Vs)
200 °C	25	0.893	0.109	4.8	-35.3	-0.000183
300 °C	25	0.893	0.093	4.8	-40.3	-0.000208
400 °C	25	0.893	0.112	4.8	-33.6	-0.000174

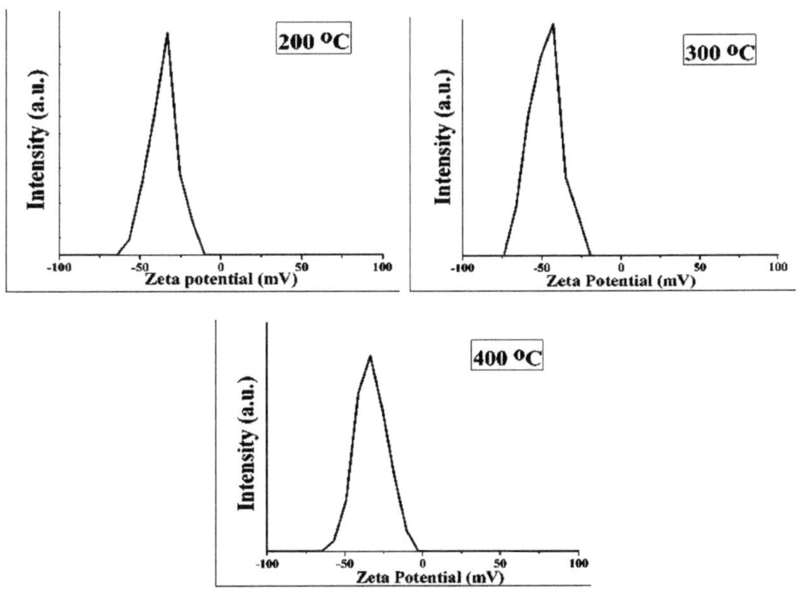

Fig. 4.20 Resultados do potencial zeta do Fe_3O_4 a 200 °C, 300 °C e 400 °C

- **Vermelho Congo**

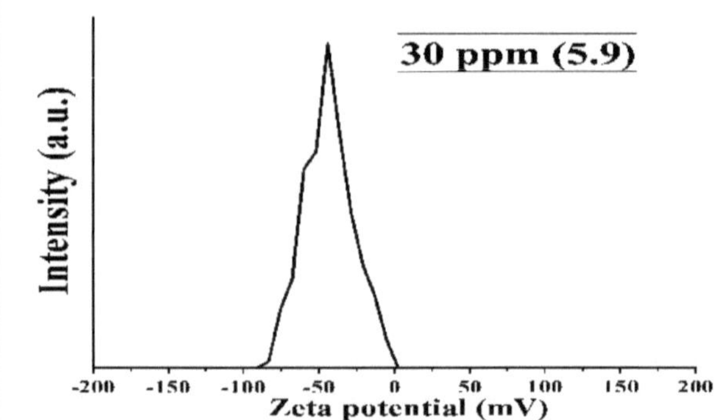

Fig. 4.21 Potencial zeta do Vermelho Congo em pH 5,9 (30 mg/L)

A Fig. **4.21** mostra que a carga do Vermelho Congo é de -44 mV na superfície da água. De acordo com a **Tabela 4.13**, Fig. **4.20** e **4.21**, a carga das nanopartículas de magnetite e do vermelho Congo é negativa. De acordo com A. Afkhami et al. [21], as superfícies dos óxidos metálicos são geralmente cobertas por grupos hidroxilo que variam de forma em diferentes pHs. A carga superficial é neutra a pHzpc. O pH do ponto de carga zero, pHzpc, das nanopartículas de magnetite é de cerca de 7,33 [52]. Abaixo do pHzpc, a superfície do adsorvente é carregada positivamente e ocorre a adsorção de aniões. À medida que o pH da solução CR aumenta, verifica-se uma diminuição proporcional da adsorção devido à desprotonação dos grupos hidroxilo no adsorvente e à repulsão eletrostática entre os locais carregados negativamente no adsorvente e os aniões do corante. A CR pode ser adsorvida na superfície do óxido metálico por efeito de coordenação entre iões metálicos e grupos amina nas extremidades das moléculas de CR. Assim, é evidente que os óxidos metálicos com maior área de superfície podem adsorver mais moléculas de CR [21].

4.7. VSM

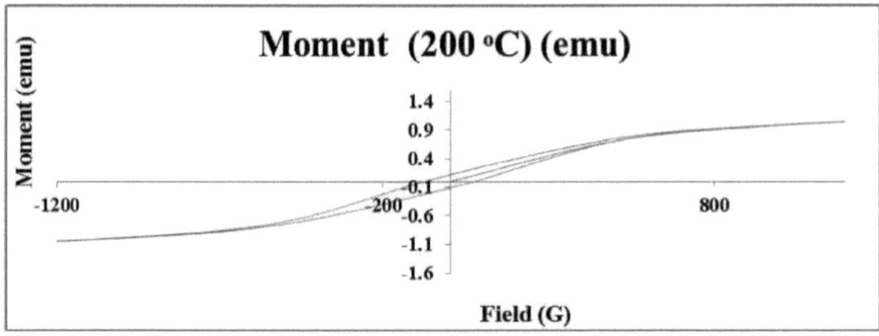

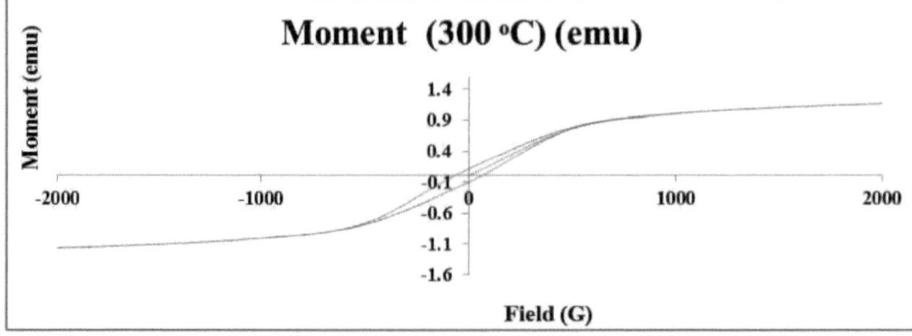

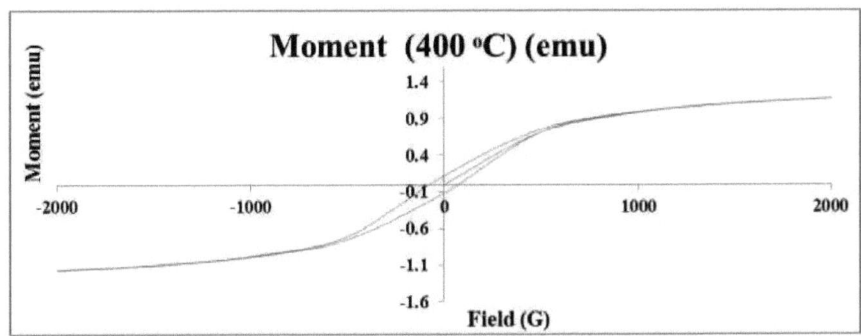

Fig. 4.22 Resultados VSM de Fe3O4 a: 200 °C, 300 °C, 400 °C

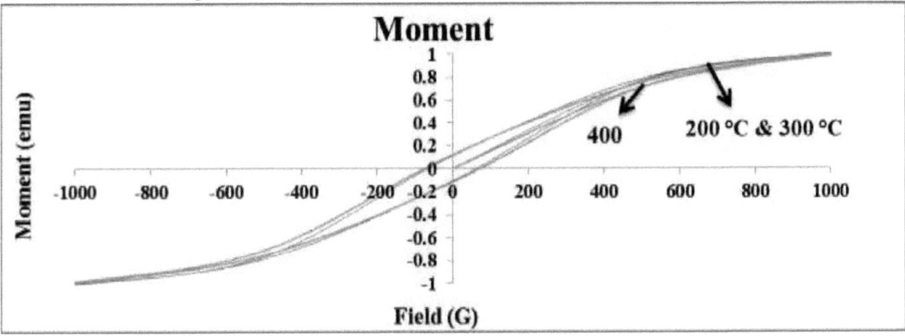

Fig. 4.23 Comparação dos resultados de VSM para Fe3O4 a: 200 °C, 300 °C, 400 °C

Tabela 4.14 Parâmetros para VSM

VSM parameters	**Annealing temperature of nanoparticles (°C)**		
	200	300	400
Coercivity (Hc) (G)[1]	59.585	61.761	71.749
Magnetization[2] (M_s) (emu)	1.7990	1.4659	1.4980
Retentivity[3] (M_r) (emu)	0.13363	0.10784	0.11895
Sensitivity (emu)	-3.6000	-3.6000	-3.6000
Field at M_s (G)	15.000E-3	15.000E+3	15.000E-3
Mass (g)	37.000E-3	25.000E-3	34.000E-3
Magnetization (M_s) (emu/g)	48.62162	58.636	44.05882
Retentivity (M_r) (emu/g)	3.611622	4.3136	3.498529
Squareness (M_r/M_s)	0.0742	0.0735	0.0810
Energy product (M_s*Hc)	2897.11	3621.41	3161.17

Notas:

1 Gauss (G) = 10^3 Ampere por metro (A/m) = 13,33Oersteds (Oe) [53]

2 Significa magnetização de saturação

3 Por vezes, o termo retentividade é utilizado para a remanência medida em unidades de densidade de fluxo magnético [54]

De acordo com a Fig. **4.23** e **a Tabela 4.14**, o valor da coercividade aumenta continuamente com o aumento da temperatura de recozimento e com o aumento do tamanho das nanopartículas. Isto significa que, com o aumento da temperatura de recozimento e do tamanho das nanopartículas, estas tornam-se materiais mais duros e convertem-se em ímanes permanentes.

Além disso, os resultados indicam que o valor da magnetização saturada (Ms) e da magnetização remanente (Mr) aumentou de 200 °C para 300 °C, mas em 400 °C diminuiu. Após a magnetização de saturação, a intensidade do campo magnético aplicado aumenta para reduzir a magnetização das nanopartículas a zero [55].

Uma razão para esse aumento é o facto de a magnetização na superfície ser inferior à interna. Assim, quando o tamanho das partículas aumenta, a magnetização de saturação e a coercividade também aumentam, uma vez que há um aumento da área de superfície. De acordo com Pietro Russo et al. [38], uma possível contaminação nas nanopartículas obtidas pode também causar a redução da magnetização de saturação a 400 °C. Além disso, a diminuição da magnetização de saturação deve-se ao invólucro de maghemite que envolve as nanopartículas e que é obtido por oxidação do Fe3O4 e transformação deste em Y-Fe2O3.

De acordo com [29], o valor da magnetização de saturação para o Fe3O4 em massa é de (92 emu/g) e a magnetização de saturação das nanopartículas obtidas à temperatura ambiente é inferior à do Fe3O4 em massa. Segundo Dong-Hwang Chen et.al [36], a energia de uma partícula magnética num campo externo é proporcional ao seu tamanho através do número de moléculas magnéticas num único domínio magnético. Quando esta energia se torna comparável à energia térmica, as flutuações térmicas reduzem significativamente o momento magnético total num determinado campo. Além disso, as moléculas magnéticas na superfície não têm uma coordenação completa e os spins estão desordenados. Este fenómeno é mais significativo para as nanopartículas devido à sua grande relação superfície-volume. Assim, o valor Ms mais pequeno para as nanopartículas em comparação com os materiais a granel correspondentes é razoável.

De acordo com [35], as nanopartículas de Fe3O4 apresentam caraterísticas super paramagnéticas à temperatura ambiente. Isso significa que a energia térmica pode superar a barreira de energia anisotrópica de uma única partícula, e a magnetização líquida das partículas na ausência de um campo externo é zero.

Os materiais ferromagnéticos e ferrimagnéticos tornam-se desordenados e perdem a sua magnetização para além da temperatura de Curie TC e os materiais antiferromagnéticos perdem a sua magnetização para além da temperatura de Néel TN. A magnetite é ferrimagnética à temperatura ambiente e tem uma temperatura de Curie de 850 K. A maghemite é ferrimagnética à temperatura ambiente, instável a altas temperaturas e perde a sua suscetibilidade com o tempo. (A sua temperatura de Curie é difícil de determinar).

Tanto as nanopartículas de magnetite como as de maghemite são superparamagnéticas à temperatura ambiente [6]. O fator de quadratura (remanência de saturação dividida pela magnetização de saturação) é uma medida de quão quadrado é o laço e é uma quantidade adimensional entre 0 e 1 [56]. O valor elevado de squareness mostra que o valor de Mr é maior do que Ms e é desejado para o meio de registo. A quadratura e a coercividade são figuras de mérito para ímanes duros, embora o produto energético (coercividade do tempo de magnetização de saturação) seja mais comummente citado, como mostra a **Tabela 4.14** [55]. Neste trabalho, ao aumentar a temperatura de recozimento, a coercividade foi aumentada. S^* e a distribuição do campo de comutação (SFD) são de particular importância na caraterização das propriedades magnéticas dos meios magnéticos. S^* está relacionado com o declive do laço de histerese em Hc e pode ser calculado por:

$$\frac{dM}{dH|_{H_c}} = \frac{M_r}{\left(H_c(1-S^*)\right)} \quad \text{......................................} \quad (4)$$

Onde:

- dM é o diferencial do momento de magnetização

- dH é o diferencial de campo em Hc

Para os suportes de registo longitudinal, há dois parâmetros importantes associados ao processo de registo que estão intimamente relacionados com S^*. Nomeadamente, o sinal de saída máximo depende de Mr, Hc e S^*, e a corrente de polarização óptima depende também de S^*. O SFD = ΔH/Hc em que ΔH é a largura total a meio máximo da curva diferenciada dM/dH pode ser considerado como uma função de distribuição do número de unidades que invertem num determinado campo [56]. Os materiais magnéticos macios contêm compostos de níquel, zinco e/ou manganês e as ferritas duras são compostas por óxido de ferro e carbonato de bário ou de estrôncio. O campo magnético máximo B para os materiais duros é de cerca de 0,35 tesla e a intensidade do campo magnético H é de cerca de 30 a 160 quilo amperes-voltas por metro (400 a 2000 Oersteds) [57].

Isto mostra que a intensidade do campo magnético aplicado necessária para reduzir a magnetização desse material a zero após a magnetização da amostra (coercividade) é elevada. De acordo com a **Tabela 4.14**, a coercividade das nanopartículas a 200 °C, 300 °C e 400 °C é de 749,26 Oe, 823,27 Oe e 956,41 Oe, respetivamente. Isto significa que as nanopartículas apresentam caraterísticas tanto moles como duras.

A coercividade pode ser calculada pela fórmula de Scharrock:

$$H_c = H_0 \left(1 - \left(\frac{k_B T}{\Delta E_0} \ln\left(\frac{f_0 t_0}{\ln(2)}\right)\right)^{1/n}\right) \quad \ldots\ldots\ldots\ldots\ldots\ldots \quad (5)$$

Onde:

- f0 é a frequência de tentativa
- kB é a constante de Boltzman
- AE0 é a barreira de energia que separa os dois estados estáveis no campo zero
- H0 é o campo coercivo a temperatura zero
- T é a temperatura
- O expoente n depende do ângulo entre o campo externo e a direção do eixo fácil e da intensidade do campo

Para derivar **a Equação (4)**, assume-se que a barreira de energia pode ser escrita como:

$$\Delta E_1 = \frac{\Delta E_0}{k_B T}\left(1 - \frac{H_C}{H_0}\right)^n \quad \ldots\ldots\ldots\ldots\ldots\ldots\ldots\ldots\ldots\ldots\ldots\ldots \quad (6)$$

Onde:

- Hc é o campo externo que é aplicado em direção oposta em relação à magnetização do estado magnético inicial

Este campo é mantido constante e mede-se o tempo τ necessário para que a magnetização se torne nula. Se este procedimento for aplicado para diferentes campos aplicados Hc, permite determinar ΔE0 e H0. Obviamente, H0 concorda com Hc para T = 0. O expoente n é assumido como um parâmetro no intervalo de 1 a 2 [58].

4.8. TEM

- Fe3O4a **200 °C**

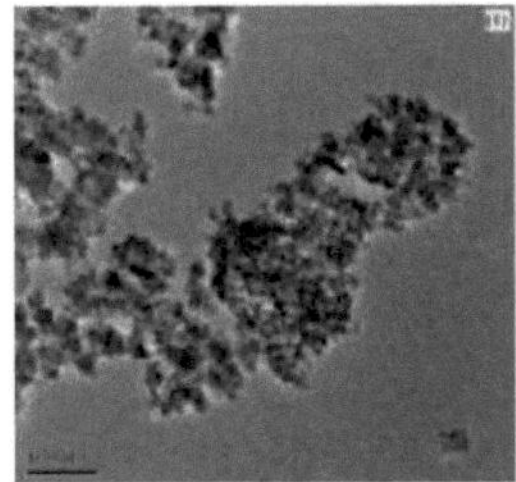

Fig. 4.24 Resultados TEM de Fe_3O_4 a 200 °C (a escala é de 100 nm)

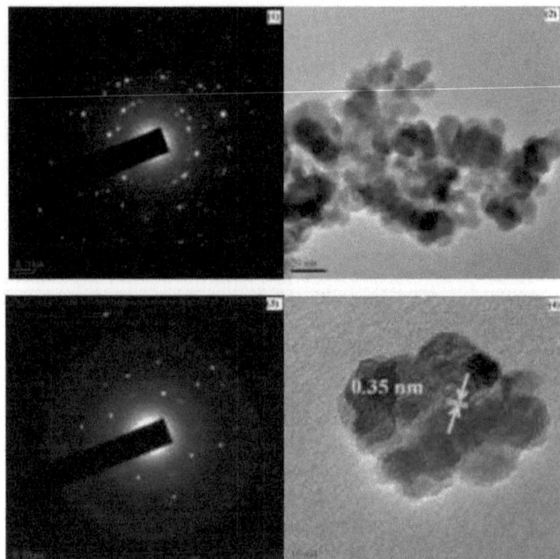

Fig. 4.25 Área SAED e espaçamento d de Fe3O4 a 200 °C

- **Fe3O4 a 300 °C**

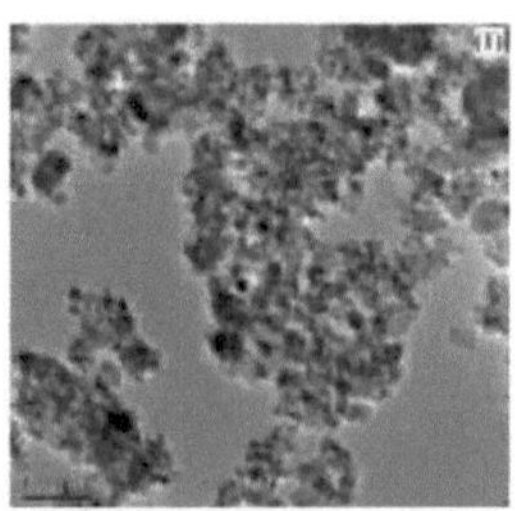

Fig. 4.26 Resultados TEM de Fe3O4 a 300 °C (a escala é de 100 nm)

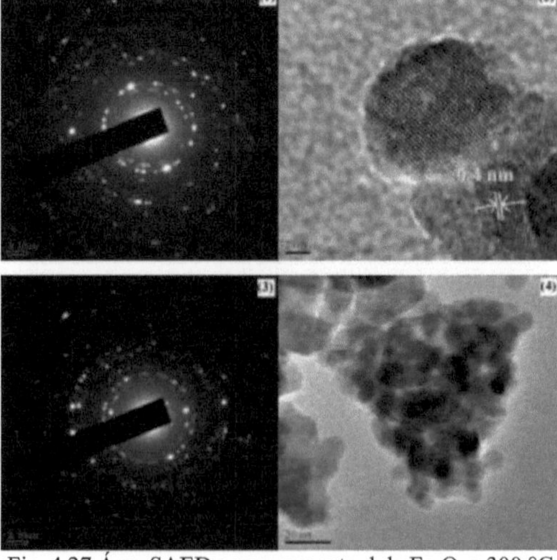

Fig. 4.27 Área SAED e espaçamento d de Fe_3O_4 a 300 °C

- **Fe3O4 a 400 °C**

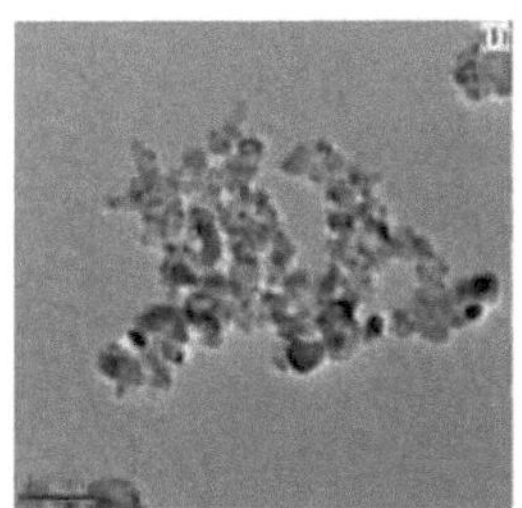

Fig. 4.28 Resultados TEM de Fe_3O_4 a 400 °C (a escala é de 100 nm)

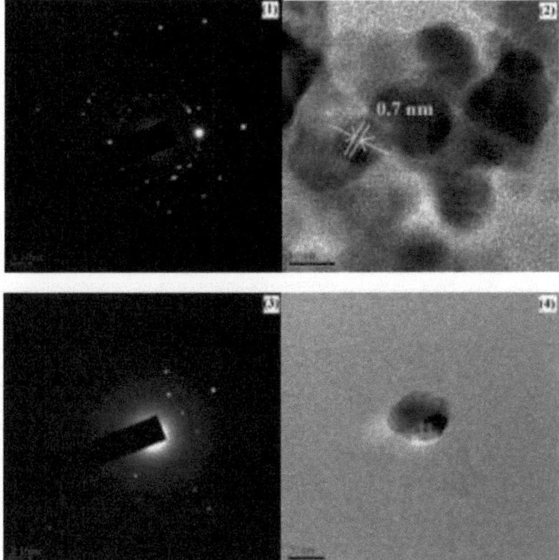

Fig. 4.29 Área SAED e espaçamento d de Fe_3O_4 a 400 °C

A análise TEM do Fe3O4 sintetizado mostra que o tamanho médio das nanopartículas de Fe3O4 a 200 °C, 300 °C e 400 °C é de 20 nm, 24 nm e 28 nm, respetivamente, o que confirma os resultados do XRD. A partir das Fig. **4.24**, **4.26** e **4.28**, podemos dizer que as nanopartículas têm uma forma semiesférica com uma distribuição homogénea do tamanho das partículas. As áreas SAED nas Fig. **4.25**, **4.27** e **4.29** mostram que as nanopartículas têm uma estrutura FCC. As Figs. **4.25 (4)**, **4.27 (2)** e **4.29 (2)** indicam que o espaçamento d médio entre cristais a 200 °C, 300 °C e 400 °C é de 0,35 nm, 0,4 nm e 0,7 nm, respetivamente, o que confirma os resultados de XRD.

Em todas as temperaturas, a zona SAED da imagem n.º 1 está relacionada com a imagem TEM n.º 2 e a zona SAED da imagem n.º 3 pertence à imagem TEM n.º 4.

CAPÍTULO 5

Aplicação

5.1. Preparação da solução-mãe de vermelho do Congo

Numa primeira fase, 1000 mg de vermelho Congo foram dissolvidos em 1000 ml de água destilada num copo de 1000 ml para preparar a solução de reserva (1000 mg/L). Em seguida, a solução de reserva foi utilizada para preparar diferentes concentrações de vermelho Congo. Para preparar as concentrações de 10 mg/L, 20 mg/L, 30 mg/L, 40 mg/L e 50 mg/L, começou-se por separar (0,5 ml, 1 ml, 1,5 ml, 2 ml e 2,5 ml) da solução de reserva com uma pipeta e resolver em 50 ml de água destilada.

5.2. UV/Vis

Tabela 5.1 Absorvância do vermelho Congo em diferentes concentrações

Concentration (mg/L)	Absorbance (a.u.)
10	0.421
20	0.548
30	0.938
40	0.968
50	1.317

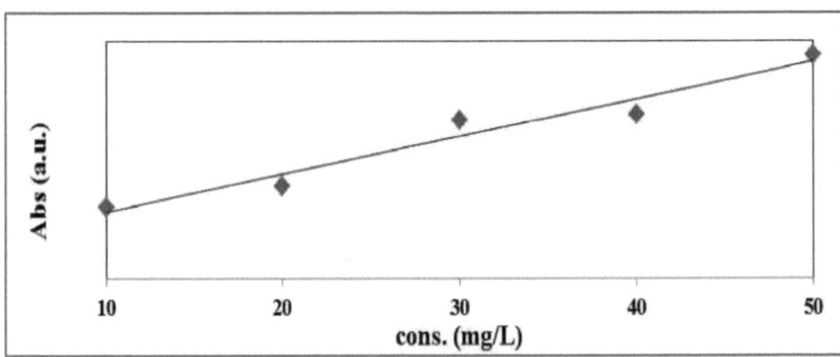

Fig. 5.1 Curva linear de Beer-Lambert

O pico mais elevado do Vermelho Congo situa-se em 498 nm. Como indicado na **Tabela 5.1** e na Fig. **5.1**, a absorvância do Vermelho Congo foi considerada neste comprimento de onda em diferentes concentrações (10 mg/L, 20 mg/L, 30 mg/L, 40 mg/L e 50 mg/L). Em seguida, o epsilon (***E***) foi calculado pela lei de Beer-Lambert:

$$A = \varepsilon . l . c \qquad (7)$$

Onde:

- A é a absorvância da solução
- E é a absorvência molar
- l é o comprimento da solução que a luz atravessa (cm)
- c é a concentração da solução (mg/L)

o épsilon obtido é 0,02212. O épsilon é utilizado para calcular a concentração final da solução de vermelho Congo após a remoção das nanopartículas de magnetite.

Fig. 5.2 Mini agitador rotativo

5.2. 1. Efeito do pH

O efeito do pH foi estudado no intervalo 4,0-7,0 para a remoção do Vermelho Congo. Os pHs foram ajustados utilizando um medidor de pH digital, 0,01 mol L^{1} de HCl e/ou 0,1 mol L^{1} de NaOH para todas as concentrações acima. A percentagem de adsorção foi adequada em pH 5 e 6 no intervalo 5,5-5,9.

Cerca de 0,05 g de nanopartículas de magnetite foram adicionadas às soluções, que foram agitadas durante 30 minutos no mini agitador.

Como mostra a Fig. **5.4**, a melhor eficiência de remoção é em 30 mg/L, na qual a percentagem de adsorção aumenta com o aumento do pH e atinge o máximo em pH 5,9. Noutras concentrações, não se verifica uma diminuição ou um aumento constante da eficiência em diferentes pHs.

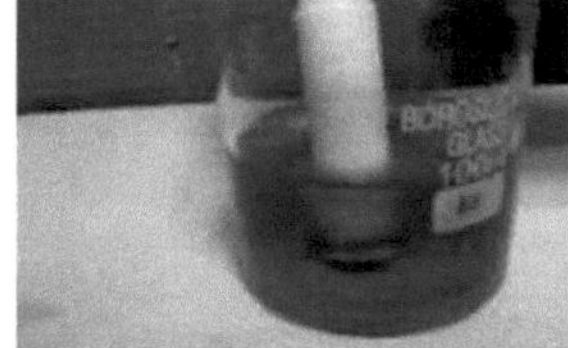

Fig. 5.3 Remoção de nanopartículas por íman

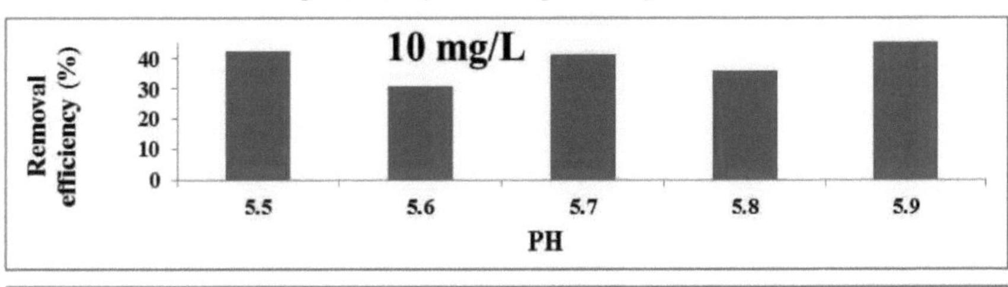

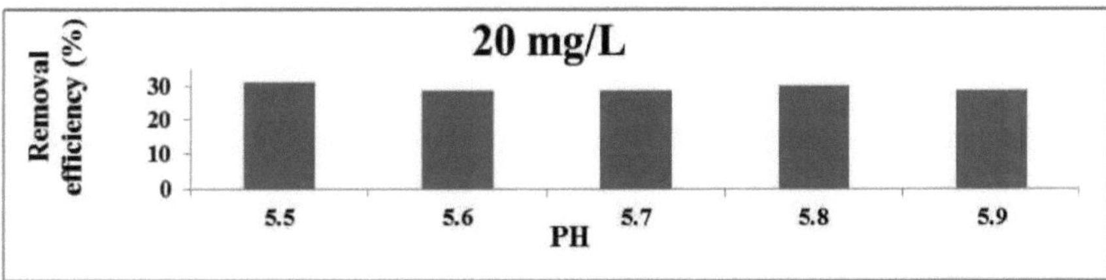

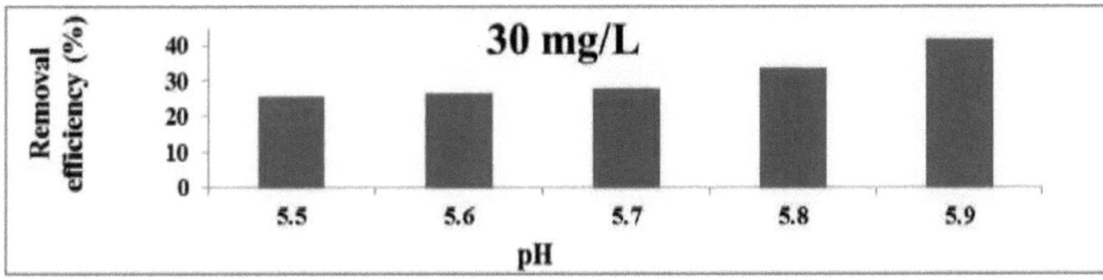

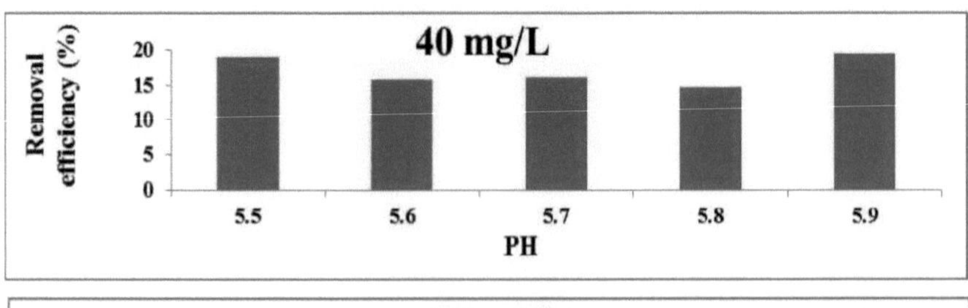

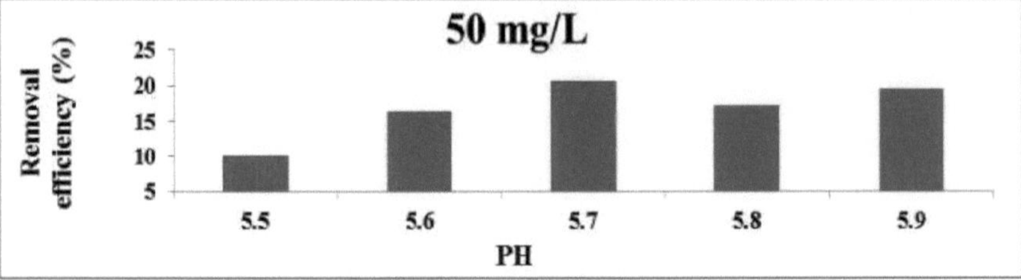

Fig. 5.4 Eficiência de remoção em diferentes concentrações em pH (5,5-5,9)

5.2. 2. Efeito do tempo

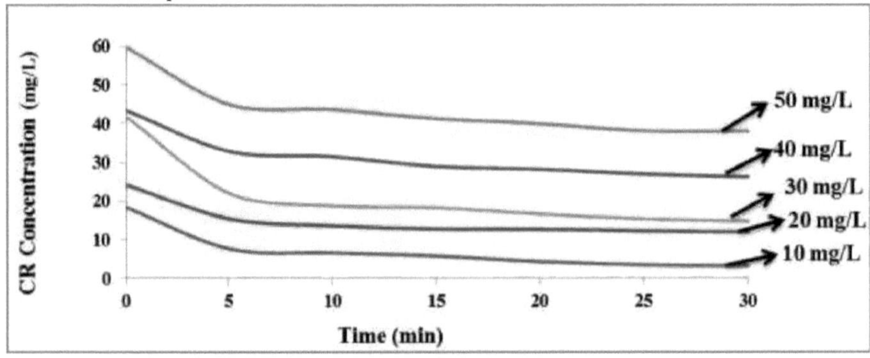

Fig. 5.5 Comportamento de adsorção do Vermelho do Congo vs. tempo

O efeito do tempo de contacto foi estudado para determinar o tempo que as nanopartículas de magnetite demoram a remover o vermelho Congo de soluções com diferentes concentrações iniciais de vermelho Congo (10-50 mg/L) a pH 5,9.

De seguida, cada solução e cada 0,05 g de nanopartículas foram divididos em alguns copos. Todos os copos foram agitados num mini shaker. Após os primeiros 5 minutos, as nanopartículas foram retiradas do primeiro copo. O processo continuou durante cerca de 30 minutos. Após 30 minutos, as nanopartículas foram retiradas do último copo. A Fig. **5.5** mostra que, em cerca de 30 minutos, o declive da diminuição é constante.

5.2. 3. Efeito da concentração

O modelo de isotérmica de adsorção de equilíbrio é o "mg" de adsorvato que é adsorvido por grama de adsorvente (qe) vs. a concentração de equilíbrio do adsorvato. A análise dos dados da isotérmica é importante para prever a capacidade de adsorção do adsorvente. As isotérmicas de equilíbrio foram estudadas com diferentes concentrações iniciais de Vermelho Congo (10-50 mg/L) a pH (5,5-5,9).

Existem dois modelos para analisar os dados de adsorção de equilíbrio: Langmuir e Freundlich [21].
Modelo de Langmuir
Neste modelo, a variação da energia de adsorção não foi tida em conta e é a descrição mais simples do processo de adsorção. Baseia-se na hipótese física de que a capacidade máxima de adsorção consiste numa adsorção em monocamada, de que não existem interações entre as moléculas adsorvidas e de que a energia de adsorção se distribui homogeneamente por toda a superfície de cobertura:

$$\frac{q_e a_L}{K_L} = \frac{K_L C_e}{(1+K_L C_e)} \quad \ldots\ldots\ldots\ldots\ldots\ldots\ldots\ldots\ldots\ldots \quad (8)$$

Onde:

- Ce é a concentração de equilíbrio do vermelho Congo na solução (mg/L)
- qe é a quantidade de Vermelho Congo adsorvida por unidade de massa de adsorvente (mg/g) na concentração de equilíbrio
- Ce, aL (L/mg) e KL (L/g) são as constantes de Langmuir que aL estão relacionadas com a energia de adsorção
- qm (KL/aL) significa a capacidade máxima de adsorção (mg/g), que depende do número de sítios de adsorção

De acordo com [21], a isotérmica de Langmuir mostra que a quantidade de aniões adsorvidos aumenta à medida que a concentração aumenta até um ponto de saturação. Enquanto existirem sítios disponíveis, a adsorção aumentará com o aumento das concentrações de vermelho Congo, mas logo que todos os sítios estejam ocupados, um novo aumento das concentrações de soluções de vermelho Congo não aumenta a quantidade de vermelho Congo nos adsorventes.
A forma linearizada da equação de Langmuir é:

$$\frac{C_e}{q_e} = C_e\left(\frac{a_L}{K_L}\right) + \left(\frac{1}{K_L}\right) \quad \ldots\ldots\ldots\ldots\ldots\ldots\ldots\ldots \quad (9)$$

Os valores de aL e KL são calculados a partir do declive e da interceção da Fig. **5.6** e são apresentados na **Tabela 5.2**. Além disso, o coeficiente de correlação (0< r >1) e o R-quadrado (-1< R^2 >1) podem ser calculados a partir do gráfico e quanto mais próximo de 1, melhores são os resultados. Estes dois factores servem para ajustar os dados experimentais às equações de isoterma com base nos valores dos coeficientes de regressão.
A quantidade de vermelho Congo adsorvido (mg/g) foi calculada com base nesta equação:

$$q_e = \frac{V(C_0 - C_e)}{m} \quad \ldots\ldots\ldots\ldots\ldots\ldots\ldots\ldots\ldots \quad (10)$$

Onde:

- C0 é a concentração inicial de vermelho Congo (mg/L)
- V é o volume da solução experimental (L)
- m é o peso seco das nanopartículas (g)

O fator importante da isotérmica de Langmuir é um fator adimensional (RL) dado pela seguinte equação e os valores de RL no intervalo 0 < RL < 1 indicam uma adsorção favorável:

$$R_L = \frac{1}{(1+a_L C_0)} \quad \ldots\ldots\ldots\ldots\ldots\ldots\ldots\ldots\ldots \quad (11)$$

A Tabela 5.3 mostra que as nanopartículas de magnetite têm uma capacidade adequada para adsorver o vermelho do Congo a concentrações mais baixas em pH 5,9. **A Tabela 5.2** indica que a capacidade máxima de adsorção das nanopartículas de magnetite (qm) para o vermelho do Congo é de 1322,43 mg/g em pH 5,9, que é a mais elevada em comparação com outros pHs e outros adsorventes. De acordo com a **Tabela 5.3**, a RL é negativa em pH 5,5, mas em outros pHs está entre zero e um, o que mostra uma adsorção favorável.

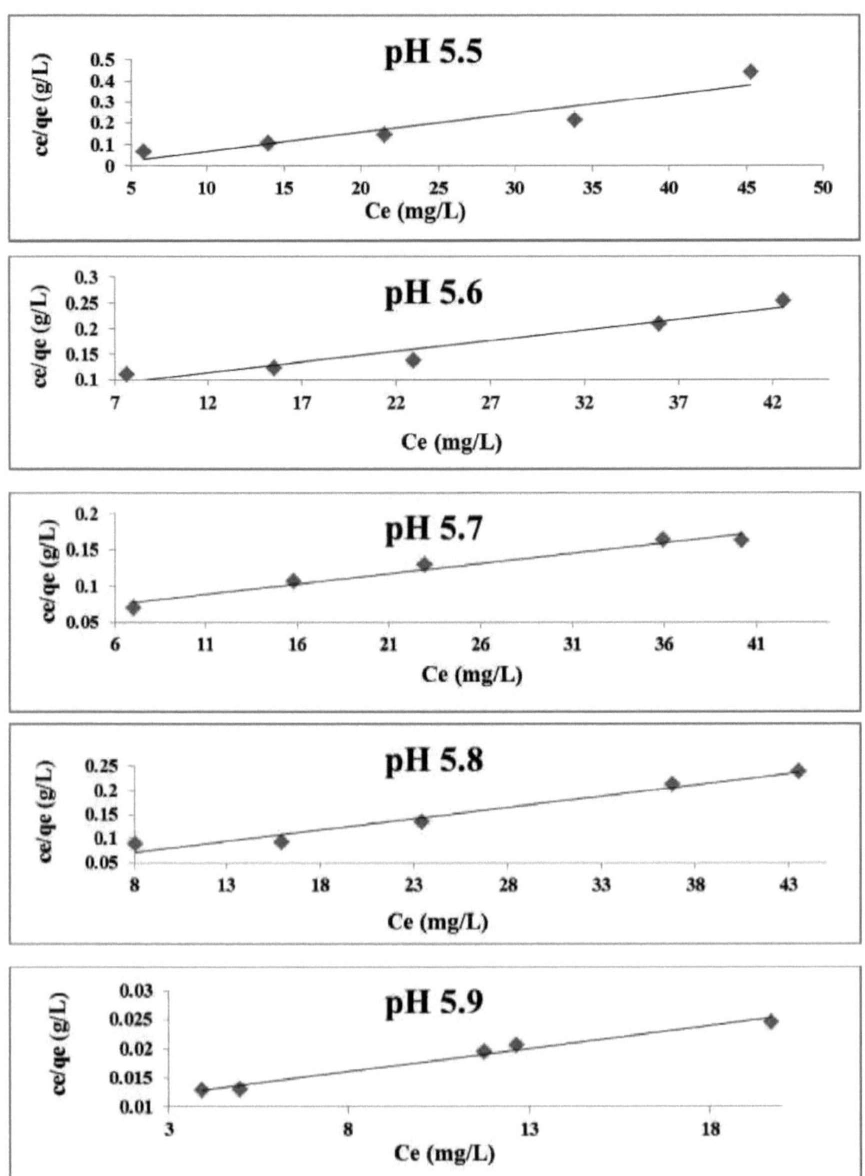

Fig. 5.6 Isotérmica de Langmuir em pH (5,5-5,9)

Tabela 5.2 Parâmetros da equação de Langmuir

pH	a_L (L/mg)	K_L (L/g)	qm (mg/g)	r
5.5	-0.42	-48.02	112.21	0.9402

5.6	0.06	15.86	239.79	0.9690
5.7	0.04	17.22	355.29	0.9833
5.8	0.13	28.62	214.75	0.9835
5.9	0.07	97.46	1322.43	0.9904

Tabela 5.3 Fator de separação para a equação de Langmuir em pH (5,5-5,9)

Concentration (mg/L)	**Separation factor (R_L)**				
	pH 5.5	pH 5.6	pH 5.7	pH 5.8	pH 5.9
10	-0.29674	0.576167	0.632813	0.372706	0.425045
20	-0.12655	0.409008	0.470306	0.234663	0.358532
30	-0.08781	0.32569	0.393262	0.189225	0.245186
40	-0.0591	0.253308	0.305373	0.141708	0.238181
50	-0.0486	0.228714	0.281865	0.124825	0.185028

Tabela 5.4 Capacidade de adsorção do vermelho Congo por vários adsorventes [21]

Type of adsorbent	q_{max} ($mg\,g^{-1}$)
CTAB modified chitosan beads	352.5
Chitosan/montmorillonite nanocomposite	54.52
Montmorillonite	12.70
Ca-bentonite	107.41
Bentonite	158.7
Neem leaf powder	41.20
Bagasse fly ash	11.89
Activated carbon (Laboratory grade)	1.88
Acid activated red mud	7.08
$NaHCO_3$ pretreated Aspergillus niger biomass	8.19
Activated carbon prepared from coir pith	6.70
Mesoporous activated carbons	189
Anilinepropylsilica xerogel	22.62
Chitosan beads	93.71
Mesoporous Fe_2O_3	53
N,O-carboxymethyl chitosan	330.62
4-Vinyl pyridine grafted poly (ethylene terephthalate) fibers	18.1
Maghemite nanoparticles	208.33

Modelo de Freundlich

O modelo da isotérmica de Freundlich é uma equação que considera a adsorção em multicamadas com uma distribuição energética heterogénea dos sítios activos, acompanhada de interações entre as moléculas adsorvidas [21]:

$$q_e = K_f\, C_e^{1/n} \quad \text{......................................} \quad (12)$$

Onde:

- Ce & qe são iguais à equação de Langmuir
- n está relacionado com a distribuição da energia de adsorção (0 < 1/n > 1)
- Kf indica a capacidade de adsorção ($mg^{1\ 1/n}\ L^{1/n}\ g^{-1}$)

A forma linearizada da equação de Freundlich é:

$$\ln q_e = \ln K_f + \left(\frac{1}{n}\right) \ln C_e \quad \text{..............................} \quad (13)$$

Os valores de Kf e 1/n foram calculados a partir da interceção e do declive da Fig. **5.7**, juntamente com o coeficiente de correlação (r) e são apresentados na **Tabela 5.5**.

Tabela 5.5 Factores da equação de Freundlich

pH	1/n	$K_f(mg^{1-1/n}L^{1/n}g^{-1})$	r
5.5	0.15	78.29	0.4756
5.6	0.004	1.06	0.9317
5.7	0.50	36.85	0.9980
5.8	0.36	49.75	0.8507
5.9	0.59	135.49	0.9965

Isto mostra que as nanopartículas de magnetite têm uma capacidade adequada para adsorver vermelho Congo a pH 5,9. A isotérmica de Fruindlich não descreve o comportamento de saturação do adsorvente tão bem como Isotérmica de Langmuir. **As tabelas 5.2** e **5.5** mostram que os valores de (r) para a isotérmica de Langmuir são mais próximos de 1. Por conseguinte, a isotérmica de Langmuir representa os dados experimentais mais bem ajustados.

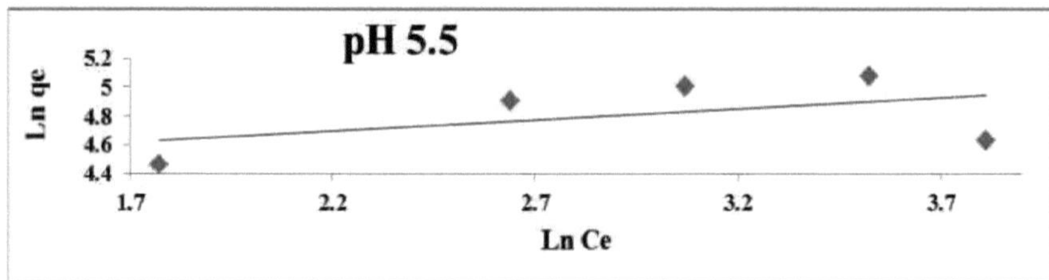

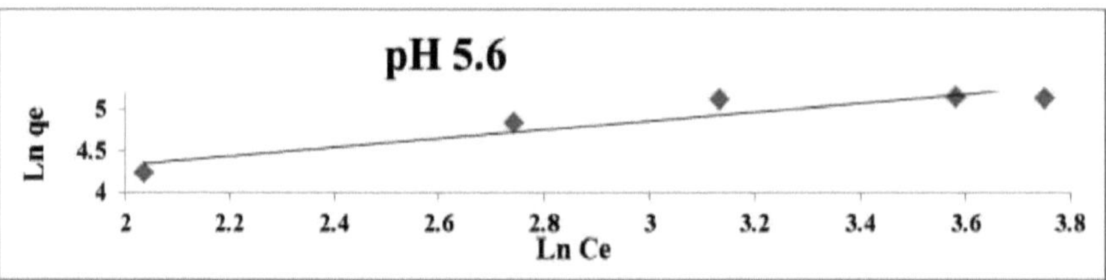

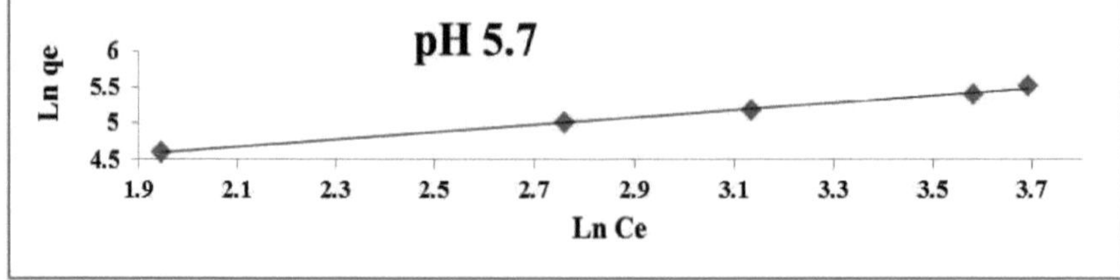

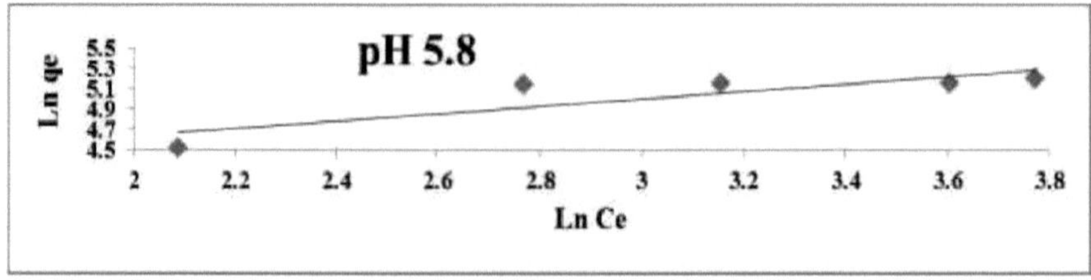

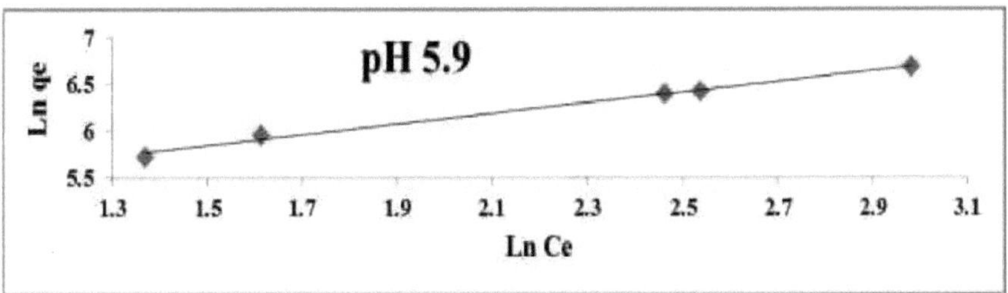

Fig. 5.7 Isotérmica de Fruindlich em pH (5,5-5,9)

Eficiência

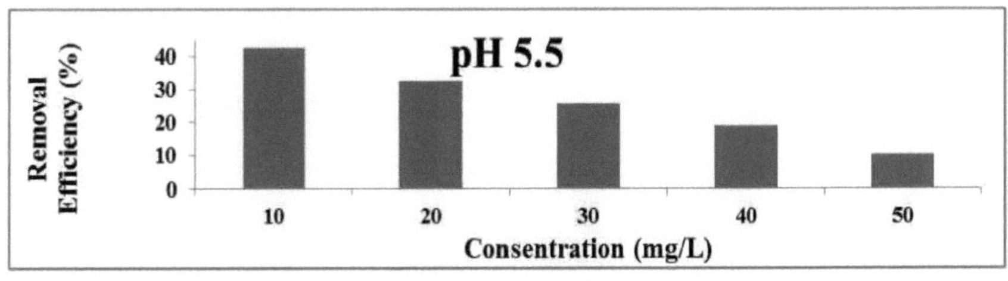

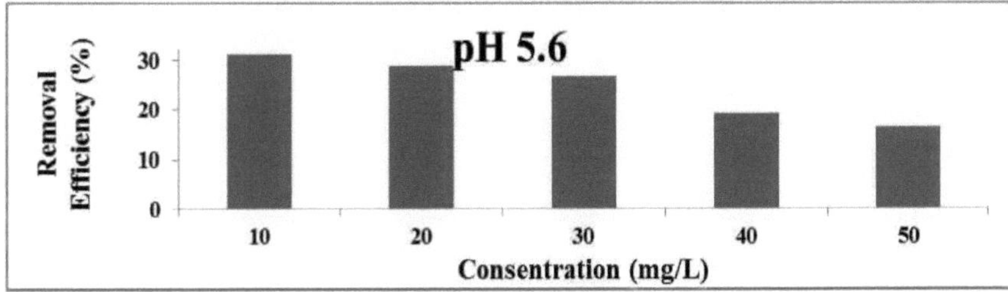

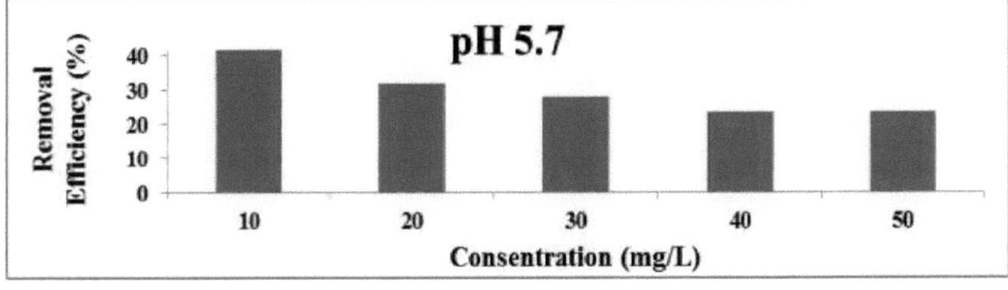

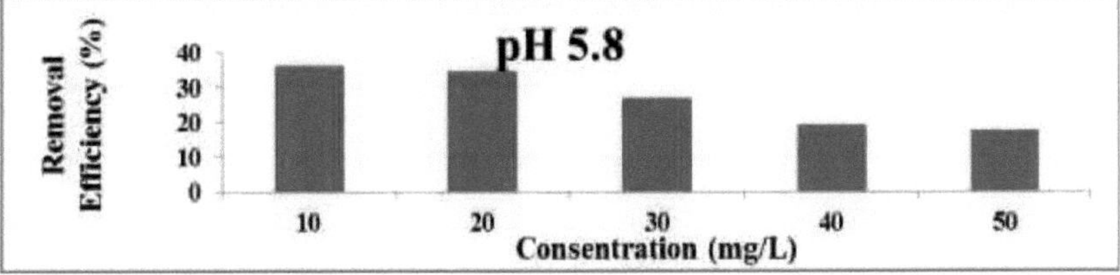

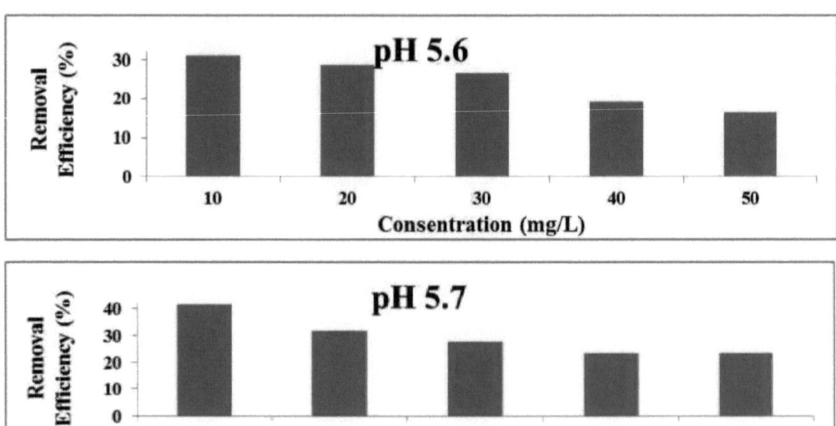

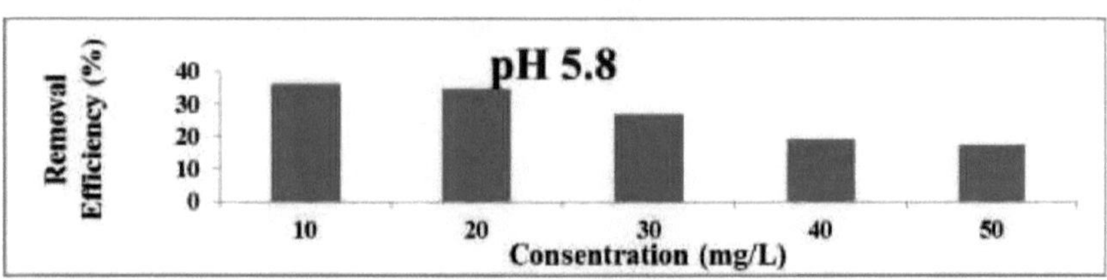

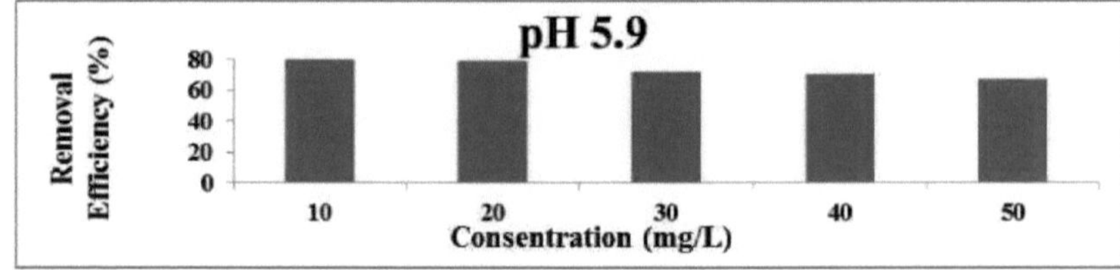

Fig. 5.8 Eficiência de remoção em diferentes concentrações e diferentes Ph

Tabela 5.6 Eficiência de remoção em diferentes concentrações e diferentes pH

	Removal efficiency (%)				
Concentration (mg/L)	pH 5.5	pH 5.6	pH 5.7	pH 5.8	pH 5.9
10	42.50322	31.03638	41.52156	36.09094	79.57746
20	32.56088	28.80434	31.87302	34.78665	79.32961
30	25.65776	26.68405	27.83539	27.00621	71.86147
40	19.05527	19.29775	23.43124	19.07031	70.83333
50	10.15695	16.43968	23.47194	17.23172	67.01967

A Fig. **5.8** e **a Tabela 5.6** mostram que, em concentrações elevadas, a magnetite não consegue adsorver corretamente o Vermelho Congo e que a melhor eficiência de remoção se verifica em pH 5,9.

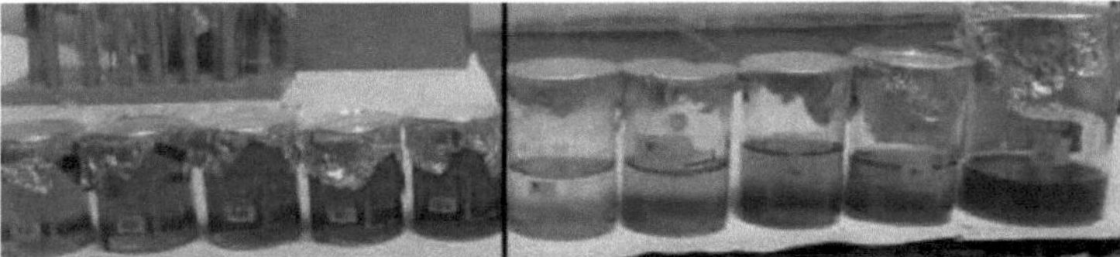

Fig. 5.9 Soluções de vermelho Congo: antes da remoção (mãos esquerdas), depois da remoção (mãos direitas)

5.2. 4. Efeito da dosagem de adsorvente

Tabela 5.7 Eficiência de remoção em diferentes dosagens de adsorvente

Adsorbent dosage (g)	Removal efficiency (%)
0.016	27.49
0.025	31.39
0.05	33.27
0.1	50.39
0.15	64.48

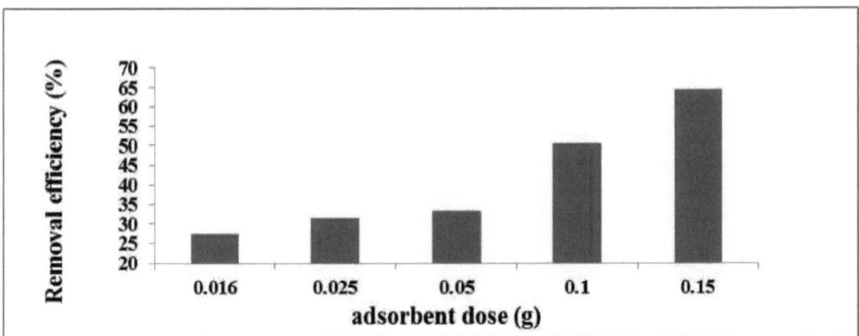

Fig. 5.10 Efeito da dosagem de adsorvente na eficiência de remoção

O efeito da dose de adsorvente foi estudado com uma concentração inicial de 30 mg/L em pH 5,9 e com diferentes dosagens de adsorvente , como se mostra na **Tabela 5.7**. A Fig. **5.10** indica que a percentagem de eficiência de remoção aumenta com o aumento da dose de adsorvente. Há pouca mudança na eficiência em doses mais baixas, mas em doses mais altas a diferença de eficiência entre 0,05 g e 0,1 g é maior do que entre 0,1 g e 0,15 g. Então, neste trabalho, a dose mais baixa entre 0,05 e 0,1 foi selecionada para experimentar a eficiência de remoção.

CAPÍTULO 6

Conclusão e trabalho futuro

6.1. Conclusão

Neste livro, preparámos nanopartículas de Fe3O4 pelo método Sol-Gel combinado com temperaturas de recozimento de 200 ^{0}C, 300 ^{0}C e 400 ^{0}C. Os resultados da caraterização mostram que o tamanho das nanopartículas de Fe3O4 pode mudar com a variação da temperatura de recozimento. O método Sol-Gel oferece várias vantagens para a preparação de nanopartículas de Fe3O4. Em primeiro lugar, o processo de síntese é económico e amigo do ambiente, porque envolve sais de ferro baratos e menos tóxicos. Em segundo lugar, as nanopartículas de Fe3O4 com tamanho controlado são produzidas por diferentes temperaturas de recozimento. Entre os tipos de adsorventes, os óxidos de ferro magnéticos, como a magnetite (Fe3O4), têm sido objeto de intensa investigação para aplicações ambientais e biológicas. As nanopartículas de Fe3O4 apresentam propriedades magnéticas convenientes, baixa toxicidade e preço, elevada relação área de superfície/volume, que estão associadas à sua capacidade de modificação química da superfície e mostram uma maior capacidade de remoção da poluição, como os corantes no tratamento da água. Um desses corantes é o vermelho do Congo, que é proibido em muitos países devido a preocupações com a saúde.

6.2. Trabalho futuro

No futuro, desejamos utilizar métodos económicos e amigos do ambiente, como a síntese verde, para preparar as nanopartículas. Por outro lado, um método proposto para a purificação da água é a combinação de biomateriais e nanopartículas. Além disso, queremos remover outros poluentes como outros corantes e metais pesados através de nanopartículas de magnetite.

1. Bibliografia

1. Óxido de ferro. Wikipédia, a enciclopédia livre. http://en.wikipedia.org/wiki/Iron_oxide.
2. J. Xu, H. Yang, W. Fu, K. Du, Y. Sui, J. Chen, Y. Zeng, M. Li, G. Zou, Preparação e propriedades magnéticas de nanopartículas de magnetite pelo método sol-gel, Journal of Magnetism and Magnetic Materials, Vol. 309, n.º 2, 307-311, fevereiro de 2007.
3. S. Chatterjee, D. S. Lee, M. W. Lee, S. H. Wooa, Enhanced adsorption of congo red from aqueous solutions by chitosan hydrogel beads impregnated with cetyl trimethyl ammonium bromide, Bioresource Technology, Vol. 100, no.11, 2803-2809, June 2009.
4. R. Jain, S. Sikarwar, Photocatalytic and adsorption studies on the removal of dye Congo red from wastewater, International Journal of Environment and Pollution, Vol. 27, nos. 1-3, 158-178, 2006.
5. Nanotecnologia. Wikipédia, a enciclopédia livre. http://en.wikipedia.org/wiki/Nanotechnology.
6. Nanopartículas de óxido de ferro. Wikipédia, a enciclopédia livre http://en.wikipedia.org/wiki/ Nanopartículas de óxido de ferro.
7. A. S. Teja, P. Y. Koh, Synthesis, properties, and applications of magnetic iron oxide nanoparticles, Progress in Crystal Growth and Characterization of Materials, Vol. 55, nos. 1-2, 22-45, Mrch-June 2009.
8. Magnetite. Wikipedia, a enciclopédia livre. https://en.wikipedia.org/wiki/Magnetite.
9. Grupo do espinélio. Wikipedia, a enciclopédia livre. http://en.wikipedia.org/wiki/Spinel_group.
10. Difração de raios X e análise elementar. Bruker. http://www.bruker.com/products/x-ray-diffraction-and-elemental-analysis/x-ray-diffraction/d8-advance/learn-more.html.
11. Técnicas de dispersão de raios X. Wikipedia, a enciclopédia livre. http://en.wikipedia.org/wiki/x-ray_scattering_techniques.
12. Espectroscopia ultravioleta-visível. Wikipedia, a enciclopédia livre. http://en.wikipedia.org/wiki/ Ultraviolet%E2%80%93visible_spectroscopy.
13. Espectrofotómetro UV-Vis. Systronics. http://systronicsindia.tradeindia.com/uv-vis-spectrophotometer-287348.html.
14. Microscópio eletrónico de varrimento. Wikipédia, a enciclopédia livre. http://en.wikipedia.org/wiki/

scanning_electron_microscope.
15. S-3400N SEM de pressão variável totalmente automatizado. Universidade do Arizona. http://www.usif.arizona. edu/equipment/s3400.html.
16. SZ-100. HORIBA Scientific. http://www.horiba.com/scientific/products/particle-characterization/ particle- size-analysis/details/sz-100-7245/.
17. LakeShore. http://www.askcorp.co.kr/sub/magnetics/mag-img/model_7410.pdf.
18. Microscopia eletrónica de transmissão. Wikipédia, a enciclopédia livre. http://en.wikipedia.org/wiki/ transmission_electron_microscopy.
19. JEOL Solutions for innovation. http://jeol.de/electronoptics-en/products/electron-and-ion- optics/ transmission-electron-microscopes/ 200-kv-tem-feg-tem/jem-2100.php.
20. Medidor de pH. Wikipedia, a enciclopédia livre. http://en.wikipedia.org/wiki/PH_meter.
21. A. Afkhami, R. Moosavi, Adsorptive removal of congo red from aqueous solutions by maghemite nanoparticles, Journal of Hazardous Materials, Vol. 174, nos.1-3, 398-403, fevereiro de 2010.
22. N. Dalali, M. khoramnezhad, M. Habibizadeh, M. Faraji. Remoção magnética de corantes ácidos de águas residuais utilizando nanopartículas de magnetite revestidas com surfactante: Otimização do processo pelo método de Taguchi. Em Int. Conferência sobre Engenharia Ambiental e Agrícola, Chengdu, China, 29-31 de julho de 2011.
23. M. H. Khedr, K. S. A. Halim, N. K. Soliman, Synthesis and photocatalytic activity of nano-sized iron oxides, Materials Letters, Vol. 63, nos. 6-7, 598-601, março de 2009.
24. Congo vermelho. Wikipédia, a enciclopédia livre. http://en.wikipedia.org/wiki/Congo_red.
25. A. Sheikh, K. S. Rana, Toxicological effects of leather dyes on total leukocyte count of fresh water teleost, Cirrhinus mrigala (Ham), Biology and Medicine, Vol. 1, no. 2, 134-138, February 2009.
26. S. A. Corr, Y. K. Gun'ko, A. P. Douvalis, M. Venkatesan, R. D. Gunning, Magnetite nanocrystals from a single source metallorganic precursor: metallorganic chemistry vs biogeneric bacteria, Journal of Materials Chemistry, Vol. 14, no.6, 944-946, 2004.
27. G. B. Biddlecombe, Y. K. Gun'ko, J. M. Kelly, S. C. Pillai, J. M. D. Coey, M. Venkatesan, A. P. Douvalis, Preparation of magnetic nanoparticles and their assemblies using a new Fe(II) alkoxide precursor, Journal of Materials Chemistry, Vol. 11, no. 12, 2937-2939, 2001.
28. N. J. Tang, W. Zhang, H.Y. Jiang, X. L. Wu, W. Liu, Y.W. Du, Filmes finos nanoestruturados de magnetite (Fe3O4) preparados pelo método sol-gel, Journal of Magnetism and Magnetic Materials, Vol. 282, 92-95, novembro de 2004.
29. O. M. Lemine a, K. Omri , B. Zhang , L. El Mir, M. Sajieddine ,A. Alyamani , M. Bououdina, síntese Sol-gel de nanopartículas de magnetite (Fe3O4) de 8 nm e suas propriedades magnéticas, Superlattices and Microstructures, Vol. 52, no.4, 793-799, outubro de 2012.
30. N. T. Ha, N. H. Hai, N. H. Luong, N. Chau, H. D. Chinh, Efeitos das condições de preparação da microemulsão nas propriedades das nanopartículas de Fe3O4, Journal of Science, Natural Sciences and Technology, Vol. 24, 9-15, 2008.
31. M. Gotic , T. Jurkin , S. Music, Factors that may influence the micro-emulsion synthesis of nanosize magnetite particles, Colloid and Polymer Science, Vol. 285, no. 7, 793-800, April 2007.
32. J. Toniolo, A. S. Takimi, M. J. Andrade, R. Bonadiman, C. P. Bergmann, Synthesis by the solution combustion process and magnetic properties of iron oxide (Fe3O4 and *a-Fe2O3*) particles, Journal of Material Science, Vol. 42, no.13, 4785-4791, July 2007.
33. H. E. Ghandoor, H. M. Zidan, M. M.H. Khalil, M. I. M. Ismail, Síntese e algumas propriedades físicas de nanopartículas de magnetite (Fe3O4), International Journal of Electrochemical Science, Vol. 7, 5734-5745, 2012.
34. W. Cai , J. Wan, Facile synthesis of superparamagnetic magnetite nanoparticles in liquid polyols, Journal of Colloid and Interface Science, Vol. 305, no. 2, 366-370, janeiro de 2007.
35. H. Z. QI, B. Yan, C. K. LI, W. LU, Síntese e caraterização de nanocristais de magnetite solúveis em água através da via sol-gel de um passo, Science China Physics, Mechanics and Astronomy, Vol. 54, no. 7, 1239-1243, julho de 2011.

36. M. H. Liao, D. H. Chen, Preparação e caraterização de um novo nano-adsorvente magnético, Journal of Materials Chemistry, Vol. 12, no. 12, 3654-3659, 2002.
37. H. Qi, B. Yan, W. Lu, C. Li, Y. Yang, Um Método Sol-Gel Não Alcóxido para a Preparação de Nanopartículas de Magnetite (Fe3O4), Current Nanoscience, Vol. 7, no. 3, 381-388, junho de 2011.
38. P. Russo, D. Acierno, M. Palomba, G. Carotenuto, R. Rosa, A. Rizzuti, C. Leonelli, Nanopó de Magnetita Ultrafina: Síntese, Caracterização e Uso Preliminar como Preenchimento de Nanocompósitos de Polimetilmetacrilato, Journal of Nanotechnology, Vol. 2012, Artigo no. 728326, 8 páginas, 2012.
39. C. Hui, C. Shen, T. Yang, L. Bao, J. Tian, H. Ding, C. Li, H. J. Gao, Nanopartículas de Fe_3O_4 em grande escala solúveis em água sintetizadas por um método fácil, Journal of Physical Chemistry, Vol. 112, no.30, 11336-11339, julho de 2008.
40. B. Naresh, J. Jaydip, B. Prabhat, P. Rajkumar, Tecnologias Biológicas Recentes para o Tratamento de Efluentes Têxteis, Revista Internacional de Investigação em Ciências Biológicas, Vol. 2, n.º 6, 77-82, junho de 2013.
41. M. Alaei, A. Mahjoub, A. Rashidi, Effect of WO_3 nanoparticles on Congo Red and Rhodamine B photo degradation, Iranian Journal of Chemistry and Chemical Engineering, Vol. 31, no. 1, 23-29, Winter 2012.
42. A. López-Vásquez, D. Santamaría, M. Tibatá, C. Gómez, Congo Red photocatalytic decolourization using modified Titanium, International Journal of Environmental and Earth Sciences, Vol. 1, no. 2, 63-66, 2010.
43. H. Kong, J. Song, J. Jong, One-step fabrication of magnetic gamma-Fe2O3/polyrhodanine nanoparticles using in situ chemical oxidation polymerization and their antibacterial properties, Chemical Communications, Vol. 46, no. 36, 6735-6737, August 2010.
44. Carbono. Wikipédia, a enciclopédia livre. http://en.wikipedia.org/wiki/Carbon.
45. Tabela Periódica: Carbono. http://www.chemicalelements.com/elements/c.html.
46. Nitrogénio. Wikipédia, a enciclopédia livre. http://en.wikipedia.org/wiki/Nitrogen.
47. Tabela Periódica: Hidrogénio. http://www.chemicalelements.com/elements/h.html.
48. Dióxido de carbono. Wikipedia, a enciclopédia livre. http://en.wikipedia.org/wiki/Carbon_dioxide.
49. Etilenoglicol. Wikipédia, a enciclopédia livre. http://en.wikipedia.org/wiki/Ethylene_glycol.
50. Ferro. Wikipédia, a enciclopédia livre. http://en.wikipedia.org/wiki/Iron.
51. Nitrato de ferro (III). Wikipédia, a enciclopédia livre. http://en.wikipedia.org/wiki/Iron(III)_nitrato.
52. X. S. Wang, J. J. Ren, H. J. Lu, L. Zhu, F. Liu, Q. Q. Zhang, J. Xie, Removal of Ni(II) from Aqueous Solutions by Nanoscale Magnetite, Clean Soil Air Water, Vol. 38, no. 12, 1131-1136, dezembro de 2010.
53. Oersted. Wikipédia, a enciclopédia livre. http://en.wikipedia.org/wiki/Oersted.
54. Remanescência. Wikipédia, a enciclopédia livre. http://en.wikipedia.org/wiki/Remanence.
55. Coercividade. Wikipédia, a enciclopédia livre. http://en.wikipedia.org/wiki/Coercivity.
56. Medições de meios magnéticos com um VSM. http://www.lakeshore.com/Documents/Mag%20media%20app%20note.pdf.
57. Ferrite (íman). http://en.wikipedia.org/wiki/Ferrite_(íman).
58. Cálculo da coercividade de nanoestruturas magnéticas a temperaturas finitas. http://arxiv.org/ftp/arxiv/papers/ 1110/1110.6789.pdf

Printed by Books on Demand GmbH, Norderstedt / Germany